わかる！
使える！

3Dプリンター入門

水野　操［著］
Mizuno Misao

日刊工業新聞社

【はじめに】

3Dプリンターは、1990年代からすでに自動車関連や試作ビューローなどで活用され始めており、それ自体は決して新しいものではない。しかし当時はまだ限られた企業でのみ活用されていたというのが実態であった。3Dプリンター自体が高価だったこと、3Dによる設計が特に中小製造業であまり浸透していなかったことがその理由だろう。

ところが、2012年頃から始まったブームがこの状況を一変した。3Dプリンターを導入する企業や業種が急増したのである。今や3Dプリンターは特に珍しいものではなくなった。さらにその用途についても当初の試作活用中心から現在では製品開発全般の様々な領域へと広がりを見せている。活用が大きく進んだ理由は何か。機体の進化と低価格化が同時に進んだこともその一因だが、他の工作機械に比べて使用のハードルが圧倒的に低いこと、造形可能な形状の制限が少ないことなども大きな要因である。使い勝手の面で言えば、加工の専門家でなくても3Dデータさえあれば、とにかく作ることができる。

とはいえ、使用にあたってノウハウがまったく必要ないというわけではない。ワープロ文書を紙に印刷するのとは違って、3Dプリンターにはデータの作り方、造形の準備、造形中の注意、あるいは造形後の後処理など様々な注意点が存在する。これらはすべての3Dプリンターに共通するものもあれば、方式ごとに異なるものもある。結論から言えば、使いながらベストな方法を会得していくしかないのだが、そうは言っても「常識」としてあらかじめ知っていないと造形自体が成立しないといった注意点も多々ある。本書で説明するのはその基本的な部分である。すでに3Dプリンターについてある程度の活用経験がある人にとっては目新しい知識ではないかもしれない。その一方で初心者はその常識を知らないために多大なまわり道をしてしまう。本書が目指したのはそのまわり道をできるだけしないよう道標になることである。

3Dプリンターに関する最新情報はネット検索すれば山ほど見つかる。その中には役立つノウハウを紹介した良記事も少なくない。しかしどの分野でもそうだが、自分にとっての正しい情報にたどり着くには、基本的な知識を

持っていることが大前提となる。本書は、そのような常にアップデートされる情報を探すためのガイド役として使っていただけるようにと願いを込めて執筆した。様々なノウハウを限られたページ数の中で説明しきれたとは到底言えないが、これから3Dプリンターを活用していこうという製造業の皆さんのお役に立てたら幸いである。

  2018年11月吉日   著者

わかる！使える！3Dプリンター入門

目　次

【第1章】
3Dプリンターを活用した
ものづくりの基礎知識

1　3Dプリンターをものづくりに活用する

- 3Dプリンターはものづくりのどこで活用できるか・**2**
- ものづくりの様々な加工法と3Dプリンターによる加工・**4**
- 3Dプリンター活用方法の進化・**6**
- 試作における3Dプリンターの活用の利点・**8**
- 製品のモックアップなどへの活用・**10**
- 進化する3Dプリンター活用、4つのポイント・**12**
- 3Dプリンターが要請するこれからのものづくり・**14**

2　3Dプリンターの仕組みを知る

- 3Dプリンターに共通する原理・**16**
- 3Dプリンターの方式（1）　光造形の仕組みと特徴・**18**
- 3Dプリンターの方式（2）　FDMの仕組みと特徴・**20**
- 3Dプリンターの方式（3）　インクジェットの仕組みと特徴・**22**
- 3Dプリンターの方式（4）　粉末焼結（SLS）の仕組みと特徴・**24**
- 3Dプリンターの方式（5）　バインダジェットの仕組みと特徴・**26**

3　3Dプリンター活用の基礎

- 3Dプリンター活用の基本的な手順・**28**
- 3Dプリンターで活用できる主な材料・**30**
- 3Dプリンターの活用に必要なソフトウェア・**32**
- 用途に応じた3Dプリンターの活用・**34**
- 3Dプリンター活用に必要なスキル・**36**
- 3Dプリンターの制限と限界・**38**

【第2章】3Dデータ作成のポイント

1 3Dプリンターのためのモデリングの基礎

- 3Dプリンターの活用のキーとなる3Dデータの作成・**42**
- 様々な種類の3Dデータ・**44**
- 3Dプリンターで出力可能な3Dデータ・**46**
- 3Dデータの作成：CAD編　基本となるソリッドデータの作成・**48**
- 3Dデータの作成：CG編　基本となるポリゴンの作成・**50**
- 3Dデータの作成：3Dスキャン編　点群データのとりこみと編集・**52**
- 3Dプリンターを意識したモデリング（1）：肉厚の設定・**54**
- 3Dプリンターを意識したモデリング（2）：サポート除去の難しい形状・**56**
- 3Dプリンターを意識したモデリング（3）：必要に応じた部品の分割・**58**
- 3Dプリンターを意識したモデリング（4）：サイズの問題・**60**
- 3Dプリンターを意識したモデリング（5）：複数部品のアセンブリ・**62**
- 最終製品の加工方法を意識したモデリング・**64**

2 STLファイル作成のポイント

- エクスポート前の3Dデータの確認・**66**
- STLファイルとは何か・**68**
- STLファイルの詳細度はどのように設定するか・**70**
- 色やテクスチャを出力するには・**72**
- STLファイルに起こりがちなエラーと修正方法・**74**
- 3Dプリンター出力サービスの利用・**76**

【第3章】3Dプリンターによる造形の基本

1 3Dプリンターによる造形フロー

- 全方式に共通する造形の注意点・**80**
- 光造形方式での造形フロー（1）：データのセットアップ・**82**
- 光造形方式での造形フロー（2）：サポートの作成・**84**

- 光造形方式での造形フロー（3）：造形における注意点・**86**
- 光造形方式での造形フロー（4）：造形終了時の操作と後処理の準備・**88**
- 光造形方式での造形フロー（5）：造形物取り出し後の後処理・**90**
- 光造形方式での造形フロー（6）：サポートの除去と表面の仕上げ・**92**
- FDM方式での造形フロー（1）：データのセットアップ・**94**
- FDM方式での造形フロー（2）：サポートの作成とパーツ造形の設定・**96**
- FDM方式での造形フロー（3）：造形における注意点・**98**
- FDM方式での造形フロー（4）：造形途中と取り出し時の注意点・**100**
- FDM方式での造形フロー（5）：造形終了時の後処理・**102**

2　3Dプリンターによる造形のポイント

- 大物部品対策とパーツ分割・**104**
- 造形不良に対する対策・**106**
- 造形方向と品質の関係・**108**
- 出力サービス業者の選び方：ゴールを見据えた外部委託を考える・**110**
- 造形物の二次加工について（1）：見栄えのための表面仕上げ・**112**
- 造形物の二次加工について（2）：見栄えのための塗装処理・**114**

【第4章】
業務の中での活かし方

1　業務における3Dプリンター活用の実際

- 業務の中での典型的な活かし方（1）：試作に活用する・**118**
- 業務の中での典型的な活かし方（2）：
  　　コミュニケーションやアイデア創出に活用する・**120**
- 機種選定のヒント（1）：
  　　出力サービス利用による造形と普及機の導入・**122**
- 機種選定のヒント（2）実際の導入コストと運用コスト・**124**
- 機種選定のヒント（3）：性能の確認・**126**
- 3Dプリンター活用の実際（1）：
  　　パーツの物理的なすり合わせを事前に検証・**128**
- 3Dプリンター活用の実際（2）：
  　　材料特性を活かしたパーツの機能検証・**130**
- 3Dプリンター活用の実際（3）：

　　　　光硬化性樹脂の活用と見栄え向上のテクニック・**132**
- 効率的な造形のヒント（1）：積層ピッチ選択のポイント・**134**
- 効率的な造形のヒント（2）：精度の高い造形をするためのヒント・**136**
- 3Dプリンターの機体メンテナンス・**138**
- 他の加工方法との使い分け・**140**
- シミュレーションソフトとの連携・**142**
- 3Dプリンターの特徴を活かした造形・**144**

- 索　引・**146**

【 第1章 】
3Dプリンターを活用した ものづくりの基礎知識

1 3Dプリンターをものづくりに活用する

3Dプリンターはものづくりのどこで活用できるか

　2012年ごろに始まったブーム以来、3Dプリンターは製造業の現場において急速に普及してきた。その用途も開発プロセスを格段の広がりを見せており、今や3Dプリンターは製品開発のプロセスにおいて、切削加工機、射出成形機、あるいはプレス加工機といった装置と同様の生産設備として位置づけられはじめている。そこで以下では、一般的なものつくりの流れの中、特に開発プロセスにおける3Dプリンターの位置づけを確認しておきたい。

❶開発工程のなかで「製造」目的に特化している従来加工機

　3Dプリンターと、切削加工や射出成形など他の加工方法との大きな違いの一つが、後者はその使用の目的やタイミングが、「製造」という目的に特化していることだ。例えば切削加工を例に取れば、もっともよく使用されるタイミングは試作、ついで比較的少量の量産などであろう。設計がある程度進み、そろそろ実物の検証を、試作を通じて行うなどのタイミングである。大量生産が得意な射出成形の場合には、基本的には量産のタイミングで使用される。場合によっては簡易金型を用いて試作などのタイミングで用いられることもある。いずれの場合でも、使用されるのは開発工程における限定的なタイミングであるということだ。

❷開発工程のなかで様々に使い道のある3Dプリンター

　それに対して、3Dプリンターは同じ製品開発の中でもカバーする領域が広い。例えば、製品としてはまだ企画段階で概念的なフェーズを考えてみる。この段階では、手書きのイラストのような場合も珍しくはないが、最近では3D CADや3D CGなど様々なモデリングツールが安価かつ容易に使用できるようになったことで、開発の相当早いタイミングからデジタルデータ（3Dデータ）化されていることも珍しくはない。この段階でアバウトな形状であっても3Dデータになっていれば、手間とスキルがそれほど必要のない3Dプリンターを使うことで、最初は頭の中にあった曖昧なイメージを容易に形にすることで、早いタイミングでコンセプトを深めていくことができる。だから、まだ詳細な形状の決定していない段階でのデザイン試作や機能試作などをする際でも、今までなら紙や発泡スチロール、あるいはありあわせの素材を手作りしていたこ

第1章　3Dプリンターを活用したものづくりの基礎知識

図表1-1　開発工程での3Dプリンターの使いどころ

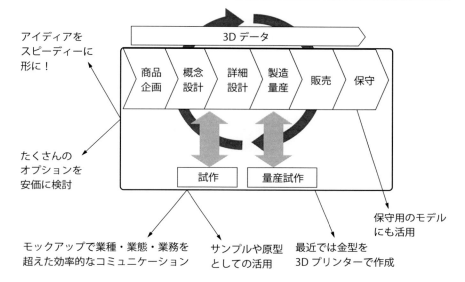

とに変えて、より実際の製品に近いものを確認することができる。

　製品設計においても、ちょっとしたパーツの確認の際、デスクトップ型の小型3Dプリンターを使えば、切削加工を外注しなくてはならなかったものが、自分の手元で実物を見ながら確認できるようになる。しかも、外注していたときよりも多様な検討が可能となる。複数の電子部品などを収める筐体の設計なども、初期の検討で組み付けたモデルをいきなり制作できるので、すぐに使い勝手の確認ができる。

　最近では、射出成形金型の素材としてもデジタルモールドとして活用され始めている。従来は部品そのものの造形にフォーカスされていたものを型として使用することで量産も可能だ。もちろん安価になったプリンターを大量に並べて量産も可能だ。特に最近では材料のバリエーションも増えているので最終製品としての用途も考えられるようになっている。

　営業・マーケティングや保守などの開発そのものに関わらない分野でも、説明用のモックなどとして使用することが可能だ。

> **要点 | ノート**
>
> 3Dプリンターの用途はおもに開発工程。専門のオペレータや業者に依存する従来加工法に対して大幅に安価でいつでも利用できるという利点がある。最終確認のみならず、意匠や機能の確認などより上流工程での活用も可能。

1　3Dプリンターをものづくりに活用する

ものづくりの様々な加工法と3Dプリンターによる加工

　ものの加工法には様々な方法がある。大きく分けると「型」を使う方法と、使わない方法だ。そして後者には、材料を削り取っていく方法と、足していく方法がある。3Dプリンターの普及以前、足していく方法がものづくりに用いられる機会はあまりなかった。現在では、他の加工法と同様に標準的な加工法としての地位を確立しつつある。

❶部材からいらない部分を切り取って形を作る方法

　切削加工と呼ばれる方法である。金属や樹脂など様々な材料の塊から、切削工具を用いて欲しい形を削り出す方法であり、製造業における部品加工においてもっともよく使用される加工法の一つだ。部品を一個ずつ削り出して造形するため、たくさん作るのには一般的には適していないとされる。かわりに一個から作ることが可能なので、試作などに従来から多用されている。ただし、一般には加工のための機械は高価であり、かつスキルが要求される。また、刃物が入らないところは削れないため、加工できる形状に制限がある。刃物ではなく、砥石を使って材料を削りとる研削加工や、火花の熱を利用して溶かし取る放電加工もこれに入る。

❷型の中に材料を流し込んで成形する方法

　同じ形状をたくさん作るために「型」を使用する方法だ。古くからある鋳造では砂型に溶けた鉄などを流し込んで形を作る。現代の工業製品にはプラスチックが多用されているが、その際の加工法として知られているのが射出成形だ。金型の内部にできた空間に対して樹脂を注入して成形する。

　金型を使うメリットは、大量の複製品を短時間で作ることができることだが、その一方でデメリットもある。金型の製造コストがかかり大量生産でないと割に合わなくなるほか、専門のスキルが必要で誰もが導入できるものではないことだ。さらにあくまでも金型で製造可能な形状に限られ、スライドなどを使用しなくてはならない複雑な形状は金型コストが高額になる。

❸型を使って材料を永久変形させて形を作る方法

　プレス成形や板金などの加工法がある。金属などの薄い板に軽く力をかけて曲げても、除荷すれば元の形に戻る。しかし、一定以上の力をかけて曲げると

第1章 3Dプリンターを活用したものづくりの基礎知識

図表1-2 | 主な加工法の特徴と比較

原理	❶ 切削加工、研削加工、研磨加工、放電加工など	❷ 射出成形加工、鋳造加工、ダイキャスト加工など	❸ プレス加工、鍛造加工、板金加工など	❹ 3Dプリンター
加工速度	△	◎	◎	△
成形の自由度	△	△	△	◎
精度	◎	○	○	△
大量生産	△	◎	◎	×
試作・小ロット生産	○	△	×	◎

永久的な変形が生じて変形の形がそのまま残る。これを塑性変形というが、この性質を利用して自動車のボディーなどが作られる。最近流行りのCFRPなど炭素繊維複合樹脂を利用したボディーでは、エポキシ樹脂とカーボン繊維からなるシート（プリプレグ）を、圧力釜であるオートクレーブ装置を使って材料の性質を変えながら成形する。

❹材料を積み重ねて形を成形する

　3Dプリンターの成形方式にあたる。ノズルから溶融噴射された材料を積層して形を作っていく。引き算で形を作る切削加工とは逆のプロセスであり、最近ではAdditive Manufacturing（アディティブ・マニュファクチャリング）とも呼ばれ、そのまま訳して付加製造と言われることもある。一番の特徴は、作成できる形状に制限が少ないこと。つまり、3Dプリンターにしかできない形状という新しい造形の可能性がある。さらに機械の操作に必要なスキルが少なく、専門家でなくとも扱うことができ、設置場所にも制限がなく普通のオフィスにも配置できる。一般的には量産にはやや向かず、位置づけとしては切削加工と同様に試作や少量生産に用いられることが多い。切削加工との違いは、より加工者を選ばない方法だということだ。

> **要点** ノート
> 3Dプリンターは材料を積層して形状を造形していく加工法。工具の干渉などがないので加工できる形状の自由度が高く、加工にスキルがいらないのも魅力。

1 3Dプリンターをものづくりに活用する

3Dプリンター活用方法の進化

　3Dプリンターの活用方法は、この数年で大きく変貌を遂げている。3Dプリンターブームが到来した2012年以前は、3Dプリンターという言葉はあったものの一般的にはラピッドプロトタイピング（RP）と呼ばれていた。超短納期の試作という意味合いだが、この言葉が当時の3Dプリンター役割や印象を端的に表していたと言える。ところがこの数年、こうした状況が様変わりしようとしている。そこでまず以下では3Dプリンターの用途の変遷を簡単に振り返ってみよう。3Dプリンターの活用の歴史を考察することは活用方法を模索・開発するうえで大いに参考になるはずである。

❶ **3Dプリンター活用第一期（1990年代〜2012年ごろまで）**

　試作中心：ここでいう試作の目的は、形状の確認が主体であって、性能評価のようなものは材料の種類の制約によって難しかった。その形状確認でさえ、当時はプリンターや材料が未だ高価であったため利用できる企業は限られていた。さらに3Dデータをどのように作成するかという問題もあった。当時主流であった2D CADによる2D（図面）データでは利用できなかったからだ。仮に3Dデータを用意できたとしても、現在のように誰でも使える出力サービスは存在せず、外部に切削加工の依頼をすることと比較してもハードルは高かったのである。

　性能評価が難しかった理由は、3Dプリンターで使える材料の種類がかなり限定されていたことによる。したがって、まず、3Dプリンターで形状やアセンブリの嵌合などを確認し、次に切削加工などで「実際の」材料を使って試作するなどの流れが主流であった。また、使用されるフェーズもあくまでも、3D CADなどである程度検討が進んでから、実際に物理的に確認してみようとなった段階であった。

❷ **3Dプリンター活用第二期（2012年〜2018年ごろ）**

　活用範囲の広がりの時期：3Dプリンターブームが始まった以降大きく変わったのが、その活用方法である。現在でも試作が中心であることには違いがない。しかし、従来よりも早いタイミングから試作ができるようになっている。それにはデスクトップ型の安価なプリンターの普及も大きく影響してい

第1章　3Dプリンターを活用したものづくりの基礎知識

図表1-3　3Dプリンター活用の進化

	3Dプリンター活用 第一期	3Dプリンター活用 第二期	3Dプリンター活用 第三期
時期	1990年代〜2012年ごろ	2012年〜2018年ごろ	2019年以降（予測）
開発での 活用の特徴	設計の最終確認	設計における試行錯誤 と活用領域の拡大	最終製品への適用
活用の課題	3Dプリンターの価格、3Dデータの作成・確保、成形材料の選択肢の乏しさなど	3Dプリンター出力を前提とした設計の工夫	3Dプリンターならではの形状の創出

る。つまり、設計の結果確認としての試作から、設計中の検討行為そのものに活用できるようになったのである。さらにこの安価なプリンターの普及に、材料選択肢の増加、出力サービスの普及が同時進行することでさらに敷居が下がり、3Dデータさえあれば誰でもプリンターを利用できる環境が整った。つまり、設計者でも製造担当者でもない個人でもスキルさえあれば簡単に3Dデータから形を作れるようになり、利用の裾野が大きく広がったのである。

一方、従来、3Dプリンターが苦手とされてきた量産への活用にもおいても、高速造形が可能な機体を利用したり、安価な機体を多数用意していっぺんに数を作るなどといった対応が取れるようになった。また3Dプリンターで作った型（モールド）を射出成形するといった技術が実用化されたことで、さらに量産への適用が期待できるようになった。

❷ 3Dプリンター活用第三期（2019年以降）

これからの3Dプリンター活用：シミュレーション技術やクラウドなど進化をテコに、3Dプリンターによるこれまでにない新しい形状の創出が可能になるといわれている。従来、3Dプリンターを製品加工に利用する場合、後工程で切削加工などによる二次加工を前提としていた。つまり「3Dプリンターだけで造形する形」は避けられていた。ところが現在は、構造的に理にかなっていれば3Dプリンターでの造形を前提にした設計も模索されてきている。今後は最終製品への活用はもちろん、3Dプリンターの進化＋CADソフトの進化で3Dプリンターを前提にした造形がこれからの活用分野であると考えられる。

> **要点 ノート**
> 3Dプリンターの活用は、形状の確認だけでなく、最近では機能や性能の評価、また治具製造など一部量産への活用と拡大してきている。加工の自由度が高いという3Dプリンターの強みを生かした製品の製作も視野に入ってきた。

1　3Dプリンターをものづくりに活用する

試作における3Dプリンターの活用の利点

　3Dプリンターの用途としてもっとも馴染みが深いのは「試作」である。実際、現在最もユーザーが多いのがこの分野だ。ただし、ひと口に試作といっても、デザイン試作や機能試作、量産試作などの様々な種類の試作があり、それぞれの試作において評価すべき内容は異なる。3Dプリンターが活用されている主な分野は以下のとおりである。

❶デザインや形状の確認
　3Dデータの普及以降、コンピューター上で立体形状を確認することは容易になっている。しかし、3Dデータ上ではサイズ感や部品間のフィット感、あるいはユーザーが直接手で操作するものならグリップ感などはわからない。また、画像として確認してはいても、実際に手に取れる形になったときに以前と違った印象を受けるということは珍しくない。

　最近では、開発のかなり早い段階から3Dデータが作成されていることも多い。3D CADや3D CGの形式のファイルが存在するのであれば、任意のタイミングで出力することが可能だ。例えば開発の比較的早いタイミングでは、意匠デザイナーや製品設計者が、手元のデスクトップ型の3Dプリンターを用いて自分の設計案を同時に複数出力して手にとって比較することができる。

　さらに、より本物に近い状態での検討も可能だ。例えば複数のデザイン案から絞り込んだ最終案のデザインの確認のため、より高性能な光造形方式や粉末焼結などの3Dプリンターを用いて高精度の試作品を作り、それに表面仕上げや塗装を施し、さらに中にウエイトを詰めるなどして実際の重さに近づけ、見かけだけではない質感や重量なども伴ったモックアップを作成することも可能となっている。また、既存の製品の一部の部品を改造する場合にも有効だ。新たに設計した部品を出力し既存の製品に取り付けてその嵌合をみたり、あるいはより大きな部品であれば全体のフィット感や印象、手に持った感じを評価したりすることが可能となる。

　従来、試作のために例えば切削加工を社外に依頼していたとしたら、比較的安価な3Dプリンターによる加工に置き換え内製可能なものも少なくない。どうしても高精度なものが欲しい場合でも最近ではウェブを通じて3Dデータを

第1章　3Dプリンターを活用したものづくりの基礎知識

図表1-4　従来の試作工程と、3Dプリンターによるそれの比較

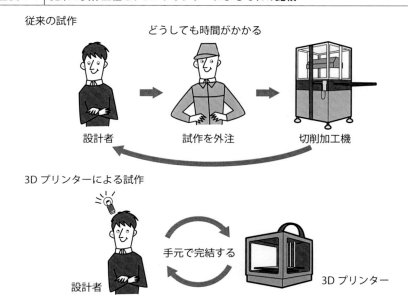

入稿して短納期で部品を入手できる出力サービスがあるので、たいていの場合はそれを利用すれば済むはずである。

❷機能や性能の評価

　これまで3Dプリンターが役立てられていたのは、おもに出力物の形状確認や評価であった。しかし、造形に使用する材料の種類や性能も継続的に発展していることで、最近では、最終製品に使用する材料そのもの、あるいはその材料と機械特性がかなり類似した別の材料を使うことも可能になってきている。例えば、ほぼ同じようなヤング率や強度などを持つ材料を使って出力することができれば、その部品や製品の変形状態や強度の確認なども、開発のかなり早いタイミングで行うことが可能になる。十分な強度を持っている部材であれば、実際に機構部品などに取り付けて、動作などの確認をすることができる。

　現在では樹脂を中心とした評価が主体ではあるが、昨今では出力サービスを活用することで、金属材料も、中小企業や個人レベルでも実施することが可能になっている。

> **要点　ノート**
> デスクトップ型の3Dプリンターの普及により、モデリング即出力が可能となったため、アジャイル開発手法などにも対応可能となった。

【1】3Dプリンターをものづくりに活用する

製品のモックアップなどへの活用

　3Dプリンターの普及によって、試作はこれまで設計検証のツールとしてだけではなく、商品企画・設計・製造・販売・保守といったバリューチェーンの様々な場面で活用されることが多くなってきた。例えば営業担当者が顧客に製品イメージを説明する際、3Dモデルを実体として提示するといった使われ方がされるようになった。またモックを展示会に展示し来場者の反応をみるということも行われているようだ。

　造形物のこのような新しい用途は、今後3Dプリンターの利用者が拡大すればするほど増えていくものと思われる。

❶設計データの活用がキモになる

　一般に設計データ、特に2D CADによる図面の目的は、設計担当者の意図を製造担当者に間違いなく伝えることである。しかし、2Dの図面だけでは直接加工機を動かすことはできない。そこには製造担当の技術者が介在する必要がある。

　もちろん、3Dプリンターに2D図面を読み込ませて、3D形状を造形することはできない。つまり、2D CADによる設計では、そこから形を作るということはかなり手間がかかるのである。

　しかし、最近では大手企業のみならず、中小企業ひいては個人事業者、あるいは純粋な趣味を目的とした個人まであらゆる人が本格的な3D CADを使用するようになってきた。このことでモックアップなどの制作も容易になっている。

　詳しい作業の流れは後述するが、設計で使用した3D形状データをそのまま3Dプリンターで出力することで、手間なくデータを流用することができる。単に形状だけでよければ、3Dプリンターで出力したままのパーツを組み合わせて製品のアセンブリを作ることが可能だ。色が付いている必要がある場合にも対処法はある。一つは一般的な模型のようにサーフェイサーを吹いて塗装をすることだ。実際、このような後処理は頻繁に行われている。模型作りをしたことがある人であれば特別なスキルは必要ない。上手に仕上げたモデルであれば、最終製品と区別がつかないくらいに仕上げることも可能だ。

図表 1-5 モックアップ作成に活用する

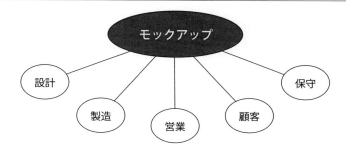

モックアップを介するとスムースな意思の疎通が可能となり、
結果として有用な意見やアイデアが収集できる

　こうした作業が面倒だという人には、カラー出力できる3Dプリンターも存在する。塗装ほどの完成度が必要でないならば、3Dデータで色が定義できていればよいのでより簡単にモックアップの作成が可能だ。

❷**コミュニケーションへの活用**

　こうしてできあがったモックアップを利用することで、顧客を含めた関係者間のよりスムースなコミュニケーションが実現する。技術者同士のコミュニケーションであっても、図面や画像から必ずしもすべての情報が読み取れるわけではなく誤解が起こりやすい。実際に実物を手にして動かしてもらうことでこちらの意図を正しく伝えることが可能になる。顧客やサプライヤーといった社外との意思疎通を確実なものにすることが手戻りを起こさないものづくりにつながり、ひいては相手に安心感を与える取引にもつながる。

　なにより、実物は相手の気づきを誘発し有意義なアイデアを引き出すことができる。製品開発に関わるのは技術者だけではない。営業やマーケティングの担当者が有用なインプットを与えてくれることも珍しくない。図面を読むことができない彼らから情報を得ようとするならば、やはり実物が必要になる。モックアップを用いることで顧客を含むすべての関係者が開発に参加することが可能となり、2次元情報だけを拠り所にした開発よりもはるかに有用な情報を数多く集めることができるようになるのである。

> **要点 ノート**
> 3D CADで作った3Dモデルをとことん活用するという視点が重要。設計検討だけでなく、モックアップを作って営業や製造あるいは顧客とのコミュニケーションツールとすることで情報収集のルートが飛躍的に増える。

> **1** 3Dプリンターをものづくりに活用する

進化する3Dプリンター活用、4つのポイント

　3Dプリンターが不得手な分野としてよく取り上げられるのが「量産」での活用である。もちろん最終製品が必ずしも量産品であるとは限らない。工業製品も大量生産するものから、顧客に応じて一つないし少量だけ作るものまで千差万別である。比較的少量の場合には、3Dプリンターで製造したパーツがすでに数多く最終製品として使用されている。また一部の航空機部品では、3Dプリンターを使った金属製の部品がすでに活用され始めている。

　一方、これまで数万個はもとより数千個から数百個レベルのロットでの量産であっても3Dプリンターは不向きとされてきた。小型パーツなど1個あたりの加工時間が短いものであっても数十分から数時間の単位で掛かってしまうからである。しかし現在、こうした少ロットのパーツ製造であっても3Dプリンターを適用しようという試みが続けられており、以下のような理由から次第に現実味を帯びている。

❶3Dプリンターの低価格による機械の大量使用

　2012年頃の3Dプリンターブーム以前には、製造業の業務利用に耐える3Dプリンターは安くても100万円を切ることはなかった。それが現在、50万円程度の費用を出せば光造形方式の3Dプリンターが、また20万円も出せばFDM方式の3Dプリンターが、ある程度業務利用に耐えるグレードの製品として手に入るようになった。したがってこれらの機械を大量に導入し並べることで、同一部品を大量生産したり、あるいは同じ製品に使用する様々な部品を同時に製造したりすることが可能になってきている。

　米Apple社が、マシニングセンタで削りだすアルミボディの筐体製造を始めて話題となったが、同様のコンセプトといえる。3Dプリンターの場合には、高額なマシニングセンタが必要でないだけに価格の面をとっても現実的なものであろう。

❷大型3Dプリンターの活用

　従来、3Dプリンターで大型の部品を出力することは困難であった。一回に30cm角から40cm角以上の部品を出力するような3Dプリンターが一部の高価な業務用機器を除けば皆無であったからだ。しかし、最近のFDM方式などで

| 図表 1-6 | 最近の 3D プリンター活用の進化

```
               ┌─────────────────────────────┐
               │ 3D プリンター活用方法進化のポイント │
               └─────────────────────────────┘
        ┌───────────┬───────────┬───────────┬───────────┐
   ┌────┴────┐ ┌────┴────┐ ┌────┴────┐ ┌────┴────┐
   │安価かつ品質が│ │低価格化した大型│ │高速化が進む │ │3D プリンターに│
   │向上したデスク│ │FDM 機を利用した、│ │3D プリンターに│ │よる金型    │
   │トップ3Dプリン│ │分割なしの   │ │よる効率化  │ │（樹脂）制作  │
   │ター複数台を │ │大物部品造形  │ │       │ │       │
   │同時利用した │ │        │ │       │ │       │
   │一挙造形   │ │        │ │       │ │       │
   └─────────┘ └─────────┘ └─────────┘ └─────────┘
```

は100万円を切る価格で、大型の造形物を分割することなく出力可能な機械が登場している。そのような大型の3Dプリンターを使用することで、一つの作業エリアで部品の多数個取りが可能になるので、比較的小型の部品であれば、1台の機械で複数の造形物を同時に作成することが可能になる。

❸高速造形

　主に光造形の分野で取り組みが進んでいる。例えば光造形ではレイヤーを一層造形したあとの剥離のプロセスに時間を取られるが、その剥離のプロセスを高速化することで造形を高速化できる。一層ずつ積み上げていくという性質上限界はあるにせよ、積層一層あたりの時間を短縮できれば、1台の機械でも現実的な時間で多数個の造形が可能になる。

❹金型への活用

　現在、射出成形に使用する金型は、素材である金属を切削加工して製造しているが、これを3Dプリンターに置き換える試みがなされている。デジタルモールドと呼ばれるこの方法では、樹脂型ではアルミやスチールほど金型の耐久性はないにせよ、最近、需要が高まりつつある小ロットの量産への対応については現実的なレベルまで完成しつつある。最終的には射出成形という大量生産向きの製造法を活用するにせよ、3Dプリンターで型を作ることで射出成形のプロセス全体も高速化できることが考えられる。

> 要点 ノート
>
> 小ロットな量産部品の製造の実績が出始めている。機体の低価格化をはじめ、大型造形や高速造形への対応、また簡易金型や治具への応用など量産活用への敷居は低くなっている。

1　3Dプリンターをものづくりに活用する

3Dプリンターが要請する これからのものづくり

　「造形品質の向上」「造形スピードの向上」「サポートする材料の増加」などにより3Dプリンターの最終製品への活用が現実的なものになってきた。一方、こうした動きを受けて、出力する部品の形状に対しても新たな試みが始まっている。

　射出成形や切削加工などで製造する場合、それぞれの加工法の制約を受けて作ることのできる形状が限られてくる。そのため試作で3Dプリンターを活用する場合には、「3Dプリンターだけで製造できる形状を避ける」よう注意する必要があった。ところが使用できる材料のバリエーションの増加やプリンターの進化によって、最終製品を作ることが現実的になってきた今、むしろ、「3Dプリンターならではの形状」を設計し、製造する取り組みが始まっている。

❶部品の統合による軽量化と構造の単純化

　本来は、一つの部品として扱いたい場合であっても、製造上の制限で複数の部品に分割して設計、製造しなければならないことがある。その場合、「複数の部品をアセンブリしなければならない手間」「アセンブルに必要な構造を形状に盛り込む手間」などの余計な工数が発生し、さらに部品表も複雑になっていく。ところが、構造が複雑であっても製造上の制限が少ない3Dプリンターで製造することを前提にすることで、従来複数の部品で構成されていた構造を一個の部品として一体造形することができるようになる。すでにエアバスなどの航空機メーカーにおいて、このような取り組みが積極的に勧めていることが知られている。

❷3次元的なラティス構造をはじめとするトポロジー最適化による部材の造形

　部品単品の構造に対しても、従来とは異なる形状を模索し、その形状を3Dプリンターで造形する試みが進められている。

　従来の部品設計においては、設計者は自身の工学的な知見やこれまでの経験を踏まえ仕様を満たす形状を突き詰めていった。このとき場合によっては解析ソフトを利用した検証を繰り返し、軽量化をはかるなどして洗練させていった。しかし、前提としてこのプロセスの中で当然、従来の製造方法で「製造可能な」形状にしていく必要があった。

| 図表 1-7 | トポロジー最適化 |

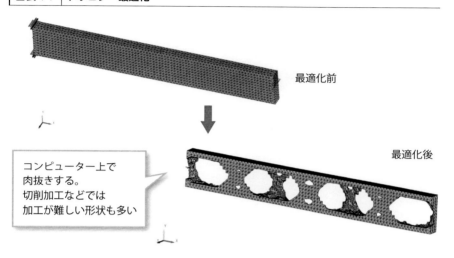

 ところが、近年、トポロジー最適化など構造最適化の技術が急速に広まりつつある。これによれば、人間（技術者）の思いもよらないような形状をコンピューターによって容易に見出すことも可能になっている。最適化されたこれらの形状は、一般的に骨の内部構造のような3次元的なラティス構造をしている。このような形状は、切削加工や射出成形では造形が困難なものが多いが、3Dプリンターであれば可能である。事実、スポーツ用品メーカーでは、運動靴のソールの部分のまったく新しい構造として取り入れているし、強度と軽量化の両立が至上命題の航空機部品でも取り入れられ始めている。

 つまり、3Dプリンターが最終製品の造形手段として一般化してきたことにより、従来は工学的に理にかなっていたとしても製造することが不可能であった形状が、3Dプリンターが標準的な製造手段として一般化してきたことによって可能になっている。そのため、今後の設計者には従来の常識にとらわれず柔軟な発想が求められるようになっているのである。

> **要点 ノート**
> 3Dプリンターによれば、分割設計・製造をしていたパーツを一体化して造形可能。またトポロジー最適化などを使って大胆に肉抜きした形状も造形可能なケースが多い。

【2】3Dプリンターの仕組みを知る

3Dプリンターに共通する原理

　3Dプリンターには、造形メカニズムや使用する材料の異なるいくつかの方式（タイプ）が存在する。これらの方式によって出力された造形物にはそれぞれ特徴があり、造形物の使用目的に応じた使い分けが重要になってくる。方式の詳細については後述するが、本節では、他の加工機にはない3Dプリンターならではの得手・不得手をより深く理解するため、方式の違いに関わらず3Dプリンターに共通するメカニズムを紹介する。

　すでに本章の冒頭で、物体の造形方法にはいくつかのやり方があることを説明した。例えば、切削加工であれば材料の塊から不要な部分を取り除いて求める形状を作成する。それに対して、ちょうど縄文式土器を作るときのように糸状にした粘土を積み上げていくことによっても任意の形状を作成することができる。切削加工が「引き算」ならばこの方法は「足し算」の加工法だ。簡単に言えば、この「糸状にして積み上げる」というプロセスを機械を使って緻密に行って形を作っていくのが3Dプリンターの原理である。これが「積層造形」と呼ばれる技術である。なお、この造形方法は近年、Additive Manufacturing（アディティブ・マニュファクチャリング）と世界的には呼称されているが、和訳としての言葉がまだ定まっていないことと、製造業においても日本では3Dプリンターという言葉が定着していることから、本書では、引き続き3Dプリンターと呼称していく。

❶造形の流れ

　切削加工では、CAMソフトで刃物の軌跡情報であるツールパスを記述したプログラム（Gコード）を生成し、刃物がこのプログラムに従って動くことで材料を削り出していく。3Dプリンターの場合もこれと同様だ。3Dプリンターの方式がどのようなものであっても、まず3D CADや3D CGで作成した3Dデータを専用のソフトに取り込む。次にプログラムが読み込んだ立体の形状を元にして、薄くスライスした断面形状を作成していく。断面の形状が生成できたら、今度はその断面形状を作成できるようなヘッドの動きを制御するためのプログラムを生成する。このプログラムも切削加工と同様にGコードと呼ばれる。3DプリンターはこのGコードを読み込んで、断面の積み上げを行う。プ

第1章　3Dプリンターを活用したものづくりの基礎知識

| 図表1-8 | 断面を積み重の絵　→　任意形状の立体 |

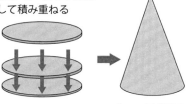

| 図表1-9 | オーバーハングした形状はサポート材を必要とする |

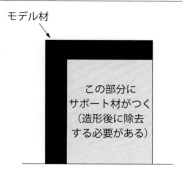

リンターの方式によって、ヘッドが高温のノズルであったり、紫外線のレーザーであったりするが、この部分は同じだ。

❷サポート材（サポート構造）

　部品が常にシンプルな形状とは限らない。なかには複雑で単純に積み上げるだけでは作れない形状も珍しくない。例えば、家の軒先のようにオーバーハングして下に何もない形状がそれにあたる。あるいは、物体の横に開いた穴もそうだ。何もない空間中に材料をいくら積層しようとしても落下してしまうため配置できないのである。そこで支えとなる部材を必要な領域に詰め、造形後に除去することでこの問題を解決する。サポート材と呼ばれるそれらの部材は、どのような3Dプリンター方式を使用するのかによって、目的の部品と同じ材料を使うか否かが決まる。またサポート材の除去の仕方も様々である。特にサポート材を溶かして除去するタイプでは、力を加えることなくかなり込み入ったところまで除去することができるため、より複雑な造形物を作るのに向いている。これにより、切削など他の加工法と比べて特に形状に制限が少ないのだ。

　3Dプリンターによる加工は、大量の切粉が発生する切削加工と比べて、一見すると材料の無駄がなさそうに見えるが、実際にはサポート材は、切削加工の切粉のリサイクルのようなリサイクルの仕組みが確立されていないため廃棄するしかないのが現状であり（2018年11月現在）、デメリットもあることを理解しておく必要がある。

> 要点 ノート
> 3Dプリンターの原理はプログラムに沿ってヘッドを動かしながら一層ずつパーツ形状になる領域を造形し、積層する。必要に応じてサポートになる領域も造形する。

【2 3Dプリンターの仕組みを知る

3Dプリンターの方式（1）
光造形の仕組みと特徴

　前節では、すべてのタイプの3Dプリンターに共通するしくみとして、造形物の3Dデータから断面形状を生成して、それを積層して形状を作るという原理を解説した。以下では、その積層方法の違いによる3Dプリンター方式を紹介したい。まず本節では、すべての方式のなかで最初に実用化された方式として知られている光造形方式を説明する。

❶機械の仕組みと造形の流れ

　光造形方式には、下から積み上げていく方式と、造形台から逆さまにぶら下げる方式とがある（**図表1-10**）。どちらの方式も材料は紫外線で硬化する光硬化性樹脂を使用する。液体である樹脂は機体に装備されたある深さを持った容器の中にためておく。最近、小規模な事業所でも導入の進むデスクトップ型の小型機を例に取ると以下のように造形は進む。

　材料である光硬化性樹脂には、造形するための適正な温度があるので、まずその温度まで材料を温める。条件が整ったら、光を通すトレイの中に貯められた光硬化性樹脂の中に、造形物を作るためのプラットフォームが降りてくる。硬化はこのプラットフォームに対して下からレーザー光線を照射することで進む。レーザーヘッドがあらかじめGコードで定義された軌道に沿って動き、ビームが照射されたところだけが硬化する。この最初のプロセスは造形物をきちんとプラットフォームを固定するための重要なプロセスで、いきなり部品などの造形を始めるのではなく、そのための台（ベース）となる部分を先に造形する。

　1レイヤーの造形が終わったら、造形のためのプラットフォームが1レイヤー分上にせり上がって、先程積層したレイヤーの下に造形を行う。あとは造形終了までこのプロセスを繰り返す。大きな部品などでは数千レイヤー分繰り返すこともある。なお、レーザーを軌道に沿って動かして材料を硬化させる代わりに、プロジェクターを使って断面全体を一括で面露光する方式もある。

サポート材

　光造形方式では、サポート材として造形材料とは別の材料を用いることができない。そこで、同じ材料を使って細い柱のような形でオーバーハング部分を

第1章　3Dプリンターを活用したものづくりの基礎知識

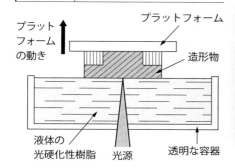

図表 1-10　光造形の仕組み（逆さまにぶら下げる方式）

図表 1-11　逆さまに造形された造形物

支える。この部分は造形後にニッパーなどを使って除去したうえで、表面に残るサポート痕を磨いて取り除く必要がある。そのため、どうしてもきれいに仕上げたい意匠面や、サポートがついてしまうと工具が入らないなどで、除去が困難な部分にはサポートがつかないように部品のオリエンテーションを考えておく必要がある。

❷光造形の特徴

　光造形方式のメリットは、他の方式と比較して表面の仕上がりが滑らかであること、また積層ピッチも細かく取れることから微細な造形にも向いており、エッジの再現性も高いことである。さらに熱を用いないので、熱膨張や収縮によるゆがみも生じにくい。材料の種類も近年は、ゴムライクや耐熱など幅が広がりつつある。

　一方、デメリットとしては液体の材料の取扱いに注意を要することや造形後のアルコール洗浄や二次硬化の作業が面倒であることが挙げられる。また光をあてて硬化させる材料であるという性質上、耐光性がよくなく形状の経時変化を起こすこともある。さらに大物の造形には時間がかかる傾向もある。デメリットはあるものの、急速な低価格化と性能の向上で、近年急速に普及している方式である。

> **要点　ノート**
>
> 光造形は、表面性状の滑らかな仕上がりで微細な造形が可能。近年、機体が安くなり、材料のバリエーションも増えて選択肢も広がりつつあるが、反面、材料が液体で保存時の劣化も早いため取り扱いに難がある。

19

【2】 3Dプリンターの仕組みを知る

3Dプリンターの方式（2）
FDMの仕組みと特徴

　光造形方式とともに特に小型の3Dプリンターではもっともポピュラーな方式として3Dプリンターブームを牽引したのがFDM（Fused Decomposition Modeling）またはFFF（Fused Filament Fabrication）方式である。日本語では熱溶解積層法となる。

❶機械の仕組みと造形の流れ

　FDM方式の3Dプリンターは、大型機から小型のデスクトップ機まで基本的な構成は同じだ。造形物は、造形のためのプラットフォームの上に積層されていく。機械によって、造形台がZ方向（縦方向）に上下運動のみする機械と、水平方向にも動く機械がある。さらにデルタ型と呼ばれる3本のリンク機構でヘッドを動かすモデルもある（図表1-12）。

　材料は機種を問わず、細長いフィラメント状樹脂が大きなリールに巻かれた状態で提供される。このフィラメント状の樹脂が、エクストルーダーと呼ばれる押出し機を通して押し出されていく。押し出された材料は、プリンターヘッドの先端のノズルをヒーターで熱して材料を溶かしノズル孔から吐出・積層していく（図表1-13）。ノズルの温度は、使用する材料にもよるがおよそ220℃から260℃となる。なお、エクストルーダーとプリンターヘッドの構成も、両者が直結された方式と、離れた位置にある方式（ボーデン型という）とがある。後者の方がヘッド全体が軽くなるが、前者にもゴムのような柔らかい材料でもスムーズに造形できるなどメリットがあり、それぞれ一長一短となる。

　プリンターヘッドがプログラムに従って動作し、造形物の断面形状を一層ずつ造形していく。一層分の造形が終わると、プラットフォームが一層分下に下がって次の層を造形する。なお、FDM方式の特徴として、造形物の内部が完全に詰まった状態で造形するのか、ハニカム構造などにして内部を軽くするのか選択ができる機種が多い。プラットフォームは、一般的に100℃以上に熱せられたうえで造形できるものが多い。FDMの場合、熱せられた材料がすぐに冷えて固まるため、造形物が冷却時の収縮などの影響をもろに受けてしまう。特にABS材料を使って大型のパーツを出力する場合など、品質上どうしても看過できない反りが発生してしまう。そのため機械を箱で囲って、できる限り

図表 1-12	デルタ型3Dプリンター

図表 1-13	FDMの仕組み

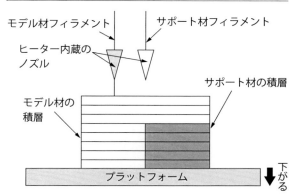

不均一で急速な冷却を減らしたり、後述する様々なテクニックを使って形状への影響を緩和する。なおFDM方式であっても数百万円以上の産業用3Dプリンターでは密閉されかつ内部が高温に保たれているため安定した出力が可能だ。

サポート材

サポート材については、安価な機種では造形材料と同一の材料で作られるものの、比較的はがしやすい構造にして造形される。なお、2つのヘッドを搭載して片方からはサポート材専用の材料を吐出するタイプの機械もある（**図表1-13**）。この場合、サポート材はアルカリ性の水溶液や場合によっては水で溶けるものを採用しているため、デリケートな形状も造形可能だ。最近はハイエンド機だけでなく、50万円弱の機材でも対応するものが出てきている。

❷FDMの特徴

一般にFDM方式では、ノズル孔の直径が0.4mm、積層ピッチも0.1mm以上であることが多いため、微細な造形は苦手である。しかし、その一方でABSなど最終製品で使う樹脂に近い特性の材料を使用できるなどのメリットがある。また光造形と比較して、材料の取扱いや出力後の後処理が容易で手間が掛からないといった特徴もある。また、同様に光造形と比較して、大型パーツの出力に対応する機械も多い。この方式でも丁寧に表面の処理を行えば、かなりきれいな表面に仕上げることも可能だ。

> **要点 ノート**
> FDMは、溶融樹脂の性状やノズル孔径の制約から微細な造形には向かない。反面、ABSなど最終製品に近い性質の材料が使用できるため、ケースバイケースだが各種機能・性能評価が可能になることがある。

【2】 3Dプリンターの仕組みを知る

3Dプリンターの方式（3）
インクジェットの仕組みと特徴

　光硬化性の樹脂を使用する方式には、前述した光造形方式のほかにインクジェット方式と呼ばれるものがある。この方式は、私たちが日常的によく使用する紙に印刷をするためのインクジェットプリンターと同じしくみだ。インクジェットヘッドからインクの代わりに光硬化性樹脂を吹いて造形をする。

　この方式のプリンターは、一般に1,000万円以上という価格帯の業務用のプリンターが中心となっているものの、所有しなくても市中の出力サービスなどでも利用することができる。

❶機械の仕組みと造形の流れ
　簡単に模式化すると、**図表1-14**のような仕組みで造形のためのテーブルの上方にインクジェットヘッドがあり、このヘッドが断面の情報に沿って動き、その際にテーブルに向けてヘッドが光硬化性の樹脂を噴射していく。それと同時に、ヘッド上の液状の樹脂を噴射するノズルの横に備えられている紫外線のランプからある波長の紫外線が照射され、その光を受けた樹脂は硬化して個体になる。この方式でも最初はプラットフォーム上にサポート樹脂層を構成した上で、その上に実際の部品を造形していく。一層分の造形が終わったら、一層分下にプラットフォームが下がって次の層を造形することは他の方式と同じだ。

サポート材
　ヘッドには、ノズルが複数個備えられている。ひとつは部品などを造形するための材料を噴射するためのものであり、もうひとつはサポート材の材料を噴射するためのヘッドである。サポート材の材料は、部品を造形するための樹脂とは異なるものであり、その材料の特徴は、3Dプリンターのメーカーによって異なるが、少し高い温度で溶けるワックス的なものや、高圧の水流などで除去する、あるいは水溶性であるなど最初に説明した光造形の方式よりも、除去しやすい特徴がある。

❷インクジェットの特徴
　材料はカートリッジの形で3Dプリンターメーカーより供給されるため、基本的にはそのメーカーの樹脂だけしか使用はできないが、どのメーカーも樹脂

| 図表 1-14 | インクジェット方式の仕組み |

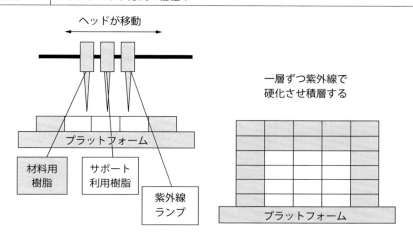

の種類を増やして市場のニーズに対応しつつある。

　メーカーによっては、2種類の材料を混合することによって、ベースの材料以上の多様な材料物性を実現している。あるいは2種類を別々に使用することで、例えば柔らかい素材と硬い素材からなる構造物や、透明な樹脂と色のついた樹脂を同時に造形するなどといった表現ができる。特に後者は医療用模型を作る際、透明素材を使うことで本来は内臓の中に隠れている血管の様子がわかる模型を出力することができるなど、工業用途にも様々に応用できる表現が可能となる。

　光造形方式と同様に積層ピッチも数十ミクロン単位で細かく設定することができ、滑らかな曲面や微細な形状の出力も得意としている。そのため、フィギュアや精細な模型、アクセサリなどの出力にもよく使用されている。ただし、現時点では材料が比較的高価であるため材料を節約するための配置などをよく考える必要がある。さらに、光硬化性樹脂であるため、特に紫外線などに対する耐光性がなく、形状が経時的に変形して行く可能性があることも理解しておく必要がある。

> **要点｜ノート**
> インクジェット方式は、家庭用のインクジェットプリンターのしくみを3Dプリンターに応用したもの。仕上がりは、光造形と同様、滑らかで微細構造の造形にも適している。

2　3Dプリンターの仕組みを知る

3Dプリンターの方式（4）
粉末焼結（SLS）の仕組みと特徴

　ここまで材料がフィラメント（樹脂製のワイヤ）である場合と、液状で提供される形式の3Dプリンターについて述べたが、粉末で提供される3Dプリンターも存在する。それが粉末焼結法（Selective Laser Sintering、SLS）方式である。

　最終製品を作るのが苦手とされている3Dプリンターの中でも粉末焼結によって作られた部品はすでに最終製品として用いられているものが出てきている。特に使用条件の厳しい航空機の部品に対しても使用されている。

　材料はナイロン樹脂をはじめとする樹脂の粉末を使用するものと、金属の粉末を使用するものとがある。一般に金属3Dプリンターとは後者のことをいう。粉末焼結方式の3Dプリンターは高価で、数千万円の投資が必要なことは珍しくないが、最近ではこの方式のプリンターを導入している出力サービスも増えてきたので、これらを利用すれば個人レベルでも比較的安価に出力をすることが可能だ。

❶機械の仕組みと造形の流れ

　材料の粉末は、専用の箱の中に格納されており、その粉末がピストンなどによって造形のプラットフォーム上方に押し上げられる。次に粉末の表面がリコータと呼ばれるローラーで平らにされる。そして、その平らになった表面にレーザーが照射されて粉末が融点以上の温度になって焼結していく。その際、CO_2レーザーなど高出力のビームをガルバノミラーなどで制御して、造形物の断面データどおりの形で焼結していく。一層分の造形が終わったらプラットフォームが下がり、再びリコータで粉末を供給・なめらかにして次の層の造形を進めていく（**図表1-15**）。

　出力物は造形とともに粉末の中に埋まっていくことになるので、造形が終了した後、除熱を行ったら粉末の中から造形物を取り出す。その後、造形物は、ブラスト加工などを行って表面を滑らかにするなどの後処理を行うことになる。

サポート材

　造形物が粉の中に埋まるという特徴のため、他の方式と違って特に樹脂を使

| 図表 1-15 | 粉末焼結の仕組み |

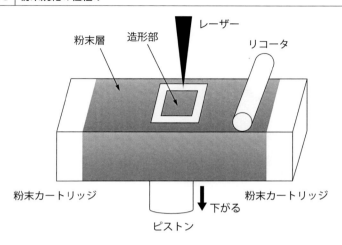

用する場合には材料の粉がサポートの役割を果たし、結果的にサポートの除去が不要というメリットにもつながっている(ただし、金属粉末を造形する場合には、サポート構造が必要とされる)。

❷粉末焼結の特徴

詳細な形状の再現度は、光造形方式に劣るものの光造形のような化学反応を用いないで、熱による硬化をしているため、製造される部品の物性も元々の材料物性に近いものになる。そのため、試作のみならず最終製品として用いやすい、あるいは試作でも最終製品と同様の確認ができるメリットがある。その反面、仕上がりは光造形などと比較するとザラザラした仕上がりなる。ただし、FDM同様に丁寧な後処理で滑らかな表面に仕上げることは可能だ。また、粉末を扱う性質上、粉塵などの対策も必要になってくる。

しかし、もっとも大きいのは熱によるひずみなどの対策だ。大きな形状では反りやゆがみへの対処が重要な課題になってくる。ただし、最近ではこのための対策を行うシミュレーションソフトも登場している。これらの対応策については第4章で後述する。

> **要点 ノート**
> 粉末焼結の材料には樹脂または金属の粉末が用いられる。仕上がりは表面性状、微細構造ともに光造形より劣るものの、材料を溶融・硬化して造形されるため造形物の機械特性上、最終製品としても使うことができるものとなる。

❰2❱ 3Dプリンターの仕組みを知る

3Dプリンターの方式（5）
バインダジェットの仕組みと特徴

　部品製作などで使用されることは少ないものの、手軽にカラー出力ができる方式として主流になりつつあるバインダジェットがある。材料としては金属などを含めて粉体が用いられるが、その中でもポピュラーなのが石膏の粉末だ。石膏を使った3Dプリンターは、従来からカラープリントができる方式として知られている。

　最近でこそインクジェット方式やFDM方式でもカラープリントが可能となってきたが、かつては造形と同時に着色できるのはこの方式だけであった。そのためフィギュアなど人物の出力用途や、立体地図の模型などの出力には重宝する方式である。

❶機械の仕組みと造形の流れ

　造形のしくみは、粉末焼結法に似ている。材料の粉末を造形のためのプラットフォームに敷き詰めたあとに、その表面をリコータと呼ばれるローラーで平らにするところは粉末焼結法と同様である。バインダジェット方式では、バインダと呼ばれる接着剤をインクジェットヘッドから噴射してプラットフォーム上の材料粉末を固める。ヘッドは立体の断面形状のデータに沿って移動し、接着剤が噴射された部分のみが固まっていく。一層分の造形が終わったらプラットフォームが一層分下がり、リコータで表面を整えたら次のレイヤーの造形を行う、というプロセスを繰り返す（**図表1-16**）。また、造形に使われなかった粉末については、随時回収している機構があるので、材料の無駄は少ない。

　この造形の際に、カラーインクをバインダと一緒に吹き付けることが可能なので、例えば3D CGなどで物体表面の図柄などを、UVマッピングなどを行って定義してあれば、そのデータの通りにフルカラーでの出力も可能になる。

サポート材

　この方式においても、造形物は粉の中に埋まり、粉がサポートの役割を果たすためサポートの構造は不要だ。造形が終わったら、粉の中から造形物を取り出して表面についている粉をエアで除去する。さらに、造形物は出力されたままでは非常にもろく壊れやすいので、接着剤に含浸させるという後処理工程が必要だ。この含浸によってフルカラーで出力した場合には、発色もよりはっき

| 図表 1-16 | バインダジェット方式の仕組み |

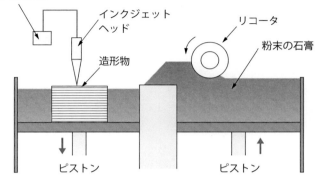

りとする。

❷バインダジェットの特徴

　石膏を使用するタイプのバインダジェットの機械の一番の特徴は、フルカラー出力が標準的にできるところである。一般に製造業において、特に製品開発中にはフルカラーで出力したいというニーズは少ない。したがって、前述の立体地図模型や3Dスキャンなどから作成する人物の立体像など、特殊な用途やホビー用途での活用が主体となる。

　特に、粉末を接着剤で固めているという造形のしくみ上、含浸処理後であっても、構造的な強度が保てず衝撃で簡単に壊れてしまうため、製品開発における試作用途では使いづらい。また、粉末焼結の際と同様に、材料に粉末を扱う関係上、粉塵の処理なども必要になってくる。さらに微細な形状も出力が難しいので、全体としては細かい造形のない形に造形に向いている。

　このように粉末ゆえの使いにくさはあるものの、出力サービスなどを使って比較的安価にフルカラーによる最終確認をしたいなどといったニーズにはたいへん向いていると言える。

要点 ノート

粉末焼結が熱で粉末を固めて造形するのに対して、バインダジェットはインクジェットヘッドから接着剤を供給して固める。安価にカラー出力ができるが、石膏の場合には強度上の問題があり、製造業では使用される頻度が少ない。

【3】3Dプリンター活用の基礎

3Dプリンター活用の
基本的な手順

　どの方式の3Dプリンターを使用するにしても、プリンターを使う際の基本的な手順は変わらない。個別の機械や方式特有の操作を別にすれば、どれか一つの方式で、設計から部品の製造への流れを体験すれば、他の方式の機種でも違和感なく使えるだろう。各ステップの詳細は別途記述するので、ここでは大まかな流れを説明する。

❶3Dデータの作成
　3Dプリンターで出力する際にもっとも障害になるのは、3Dデータを自ら用意する必要があるということだ。切削加工を前提として、作業を外注に出す際には、2次元の図面さえあれば可能なことが多い。切削のためのデータは加工業者が準備するため、むしろ2次元の図面を求められることもある。3Dプリンターの場合には出力を準備するためのソフトの入力には3Dデータが必要なので、普段図面で設計をしている場合でも必ず3Dデータを作成する必要がある。

　3Dデータの作成には、製造業では一般的に3D CADが使用される。3D CADは、いわゆる機械系の3D CADであればどのソフトでも問題はない。普段から3D CADで設計をしているのであれば、作ったデータはそのまま使用できる。作成した形状をSTLというファイルフォーマットでエクスポートしたらデータ作成のステップは終了だ。

❷STLデータの確認
　エクスポートしたSTLは、場合によってはエラーを含んでいる場合がある。エラーがある場合には、出力ができないので専用の修正ソフトでエラーを修正する。エラーがない場合には確認作業のみとなる。

❸出力データの準備
　市販されている3Dプリンターには、小型のデスクトップ機も含めて出力準備をするための専用ソフトが多くの場合、用意されている。そのソフトにSTLファイルをインポートする。このソフトでは、プラットフォームのどこにどの向きで配置するのか、積層ピッチやサポート材をどうするのかなどの設定を行っていく。いちいちユーザーが設定しなくても、一般的にはデフォルト値で造形可能だが、精度のよい出力を望むならばここで細かな調整を行う。出力の

図表 1-17 3D プリンター出力の基本的な流れ

- 3D データの作成：3D CAD、3D CG で 3D データを作成し、STL（AMF、3MF）形式で保存する。
- SLT データの確認：保存した STL ファイルの品質を専用ソフトで確認し、エラーがある場合には修復する。
- 出力データの準備：SLT データをスライサーソフトにインポートし、各種の設定をして実行。実際に造形で使用するスライスデータとなる
- 造形：3D プリンターの制御ソフトを操作して造形を開始する。造形中のオペレーターの作業はないが、造形エラーが起きていないか適宜確認する。
- 後処理：ステージから造形物を外し、サポート材を除去する

ための設定を済ませ、ソフトを実行すると断面のスライスデータが作成される。

❹造形

すべての準備が整ったら造形を始める。プリンターの機種やソフトによっては、造形開始ボタンを押したあとも PC とプリンターを常時接続しておく必要があるものもある。3D プリンター自体が制御機構を持つ場合には、データのみ Wi-Fi でプリンターに飛ばしたり、SD メモリカードなどで読み込ませたりして、3D プリンターを起動する場合もある。造形開始後は基本的にユーザーができることはないが、造形エラーが起きていないかどうか時々確認しておく必要はある。

❺後処理

出力が終わったら、プラットフォームから造形物を外し、サポート材を除去する。方式によっては洗浄や二次硬化などの後処理工程を行う。それぞれの操作はプリンターの方式や機種によって異なるが、この作業はすべて共通である。さらに求められる場合には、表面を磨いて、サーフェサーを吹き、塗装を行うなどのプロセスを行うこともある。

> **要点｜ノート**
>
> 2D 図面で設計している場合に最も時間のかかる工程は、実は 3D データを用意することだ。3D データ設計していれば、ここはほぼゼロになるので設計のあり方も考える必要がある。

【3】3Dプリンター活用の基礎

3Dプリンターで活用できる主な材料

　3Dプリンターは、長らく使用できる材料が限定的であった。したがって、試作用途で3Dプリンターを使用する場合は形状を中心とした確認が主であり、強度を含めた機械的なパフォーマンスを確認するには、「本物の」材料を使用して、切削加工など別の造形方法で作られた試作で検討する必要があった。しかし現在、光造形、FDM、粉末焼結、インクジェットなどすべての方式で使える材料の幅が増えてきている。

❶樹脂（プラスチック）
　3Dプリンターで使用されている材料の大部分がいわゆるプラスチックである。ひと口にプラスチックと言ってもその種類は膨大である。また、光造形やFDMなどプリンターの方式によって使う材料が異なってくる。例えば、FDMの場合にはABS樹脂やPLA樹脂などが一般的である。ABSは、エンジニアリング樹脂としては日常的にもよく使用されているプラスチックだ。PLAは、植物由来で融点がABSよりも低く安価な3Dプリンターでもよく使用されている。さらに、最近ではエラストマーのような柔らかい材料をはじめPCやナイロン系の樹脂も使用できるようになってきている。

　一方、光造形やインクジェットといった光硬化性樹脂を使用した3Dプリンターについても使える材料が増えてきている。従来はアクリルやエポキシなどの材料が中心だったが、最近ではABSライク、PPライク、ラバーライクなど最終製品で使用する樹脂の機械特性に準じた材料や、さらに生体適合樹脂、あるいは透明な樹脂など幅が広がっている。

❷金属
　近年、3Dプリンターで最終製品を造形しようという機運が高まっている。これはプリンターの材料として樹脂だけではなく金属も扱うことができるようになっていることが大きい。現在でも、すでに鉄鋼系、アルミ系、チタン系、インコネル系、あるいは銅系の材料など製造業で使用頻度の高い材料の利用が可能になっている。また3Dプリンターを使って、様々な補修部品をオンデマンドで製作可能になれば、開発だけでなく保守の世界も大きく変わる。航空機関係では、すでにGEカタリストと呼ばれるターボプロップエンジンで部品の

図表1-18　3Dプリンターの方式と典型的な材料

	樹脂	状態・特徴	採用している3Dプリンター
樹脂	ABS	固体・熱可塑性	FDM
	PLA	固体・熱可塑性	
	アクリル	液体・光硬化性	光造形、インクジェット
	エポキシ	液体・光硬化性	
	ABSライク	液体・光硬化性	
	PPライク	液体・光硬化性	
	ラバーライク	液体・光硬化性	
金属	鉄系	粉末	金属3Dプリンター
	アルミ系	粉末	
	チタン系	粉末	
	インコネル	粉末	
	その他の金属	粉末	
その他	石膏	粉末	バインダジェット（樹脂粉末も）
	セラミックス、木材、セメントなど	粉末	―

1/3が3Dプリンター製という事例も出てきている。日本でも2014年に国家プロジェクトを発表して以来、引き続き注目の高い分野である。

❸その他の材料

　製造業を中心に考えたとき、樹脂と金属でほとんどの用途がカバーできるが、その他の材料、例えばセラミックスや木材のような材料も登場してきている。また未だ実験段階のものが多いものの、ヒトの臓器や食品の製作など意外な分野への応用も度々ニュースになっている。

　また、大きなものを作るという視点からは、セメント材料を使った3Dプリンターも登場してきており、欧米ではすでに3Dプリンターでセメントを材料した建築物を製造している例も出てきており、日本においてもすでに実験的な事例が展示会で発表されている。

　3Dプリンターは、とりあえず「積層」することができれば造形することが可能だ。樹脂や金属といった従来製造業で使われてきた材料以外でも、意外な材料がものづくりに活用されるようになるのではないだろうか。

> **要点 ノート**
> 造形材料、特に樹脂材料の選択肢の増加は目覚しく、試作用途では、形状確認のみならず強度評価なども可能になってきている。

【3】3Dプリンター活用の基礎

3Dプリンターの活用に必要なソフトウェア

　3Dプリンターは、工作機械の一種であり、ハードウェアにあたる。当然、その機械を動かすためには「ソフトウェア」が必要となる。切削加工をするマシニングセンタが機械だけでは動かないのと同様だ。

　3Dプリンターを使用するには、大きく分けて3つのソフトが必要だ。1つ目は、3Dのデータを作成するためのソフト、2つ目は作った3Dデータの品質を出力前に確認し、必要なら修正するソフト、そして3つ目が、3Dプリンターが解釈できるスライスデータに変換し、造形を制御するためのソフトだ。

❶3Dデータを作成するためのソフト

　3Dプリンターがブームになり始めた当初、なかなかユーザーの理解が進まなかったのが、3Dデータが必要だということだ。印刷物をプリンターで出力するためにはWordやPDFなどのファイルが必要なのと同様、立体物を造形するためには立体物の3次元情報をもった3Dデータが必要になる。3Dデータの作成方法には、大きくわけて2つのやり方がある。一つは、何もないところから3Dデータを作成することだ。製造業で言えば「3次元設計」を行うことだ。このために使用するのが3D CADである。まず3D CADで部品を、2次元の図面ではなく3次元でPC上にバーチャルな立体として作成する。次に作成したデータを3Dプリンターで出力するためには「STL」と呼ばれるファイル形式で保存する。このとき工業製品のような寸法をきっちり定義できないフィギュアのような立体形状は、3D CGソフトで作成し、やはりSTLやOBJと呼ばれるファイルフォーマットで保存する。いずれの場合もポイントは、3D CADや3D CGなどのソフトが必要だということである。

　もう一つが実物からスキャンをして3Dデータに起こすやり方もある。3Dスキャナーや多方向からの写真から合成する方法がある。この場合には点群データからCGで使用するポリゴン形式にするソフトやデータを整えるために3D CGソフトなどが必要となる。

❷3Dデータの品質を確認するためのソフト

　3D CADや3D CGで作成されたSTLファイルにエラーがないか確認する。通常、3D CADで作成したSTLにはエラーが起きにくいが、場合によっては

| 図表 1-19 | ソフトを中心にみたフローの図（作成→修正→変換・制御） |

3D CAD

エクスポート
（STL）

STL 修正ソフト

データ修正
（STL）

スライサー／
3D プリンター制御ソフト

エクスポート
（スライス
データ）

3D プリンター

3D CG

エクスポート
（STL）

「穴が空いている」「面が裏返っている」などといったエラーが発生する。その場合、出力できなくなるので修正が必要となる。修正には 3D CG でも技術的に可能だが、修正に特化したソフトのほうが効果的である。

❸ スライスデータに変換し、造形を制御するためのソフト

　前述の 2 つのソフトは、自分が必要なものを購入する必要があるが、最後のソフトは特に商用の 3D プリンターを購入しているのであれば、別途購入の必要はない。プリンターに付属する。用意した STL を読み込み、プラットフォームに配置する位置や向き、サポートの定義やレイヤーピッチの定義をする。複数出力の必要があればこのソフト上でコピーすることも可能だ。すべての設定をし終えると、ソフトが自動的に立体をスライスして、各層の断面データを作り出す。プリンターとの接続方法にもよるが、すべての準備が整ったら 3D プリンターに、このソフトがデータを送り出して終了となる。

　このように 3D プリンターによる出力は、3 つのソフトを操作する必要がある。

要点　ノート

3D プリンターの活用には、ソフトウェアの操作スキルが不可欠。現物から 3D スキャナーで形状を取り込んだ場合にも 3D プリンターに使用できるデータにするためにソフトを使って修正をする必要がある。

【3】 3Dプリンター活用の基礎

用途に応じた3Dプリンターの活用

　これまで述べてきた通り、3Dプリンターには様々な種類があり、自社で購入する場合などどれを選べばよいのかわからないという声も多い。本項では、2つの視点から選定のポイントを説明する。会社の状況により選択のパターンも多様なので、ここでは設計開発業務が主体の会社が自社の開発プロセスに3Dプリンターを導入する場合を考えてみたい。

❶業務用大型機か小型デスクトップ機か

　FDM機の導入では、小型のデスクトップ機かそれとも業務用の大型機か悩むところである。小型FDM機の造形品質は、従来とても試作業務に耐えるものではなかったが、最近では十分使用に耐える造形品質のものが登場している。さらに光造形機までも60万円以下という低価格機で業務用に使える機種が登場している（2018年11月現在）。

　設計検討時に評価サイクルをたくさん回したいのであれば、大型機を一台導入してシェアするよりも小型機を複数台導入したほうが効果的だ。逆に開発から製造の幅広い業務に適用していくのであれば大型機への投資も考えられる。特に大型機の場合、インクジェットや光造形、またFDMであっても、導入した機器を使った出力サービスという新たな事業を行うことも可能だ。

❷導入する方式の選択

　小型機は2015年頃まではFDM機の一択であったのが、現在は光造形との選択が可能だ。数百万円からのコストがかけられるのであればインクジェット方式の3Dプリンターも選択可能である。

FDM方式の選択：材料の取扱いについては他方式に比べもっとも気を使わなくてよいと言える。単なる固体のフィラメントなので、溢れる、固まるといった面倒なトラブルがない。造形物としては、小型から中型サイズの部品（数センチから20センチ前後）で、かつ細かすぎる造形がそれほどなく、滑らかさもそれほど気にしない機能部品などの出力には最高だ。さらにABSなどの一般的な樹脂なので機械的な強度の評価もできる。まずザクッと確認したいよね、みたいな時に最高の使い勝手となる。

光造形方式の選択：この方式の特徴はなんと言っても、高精細であることや、

| 図表 1-20 | 3D プリンター選択のポイント（樹脂材料） |

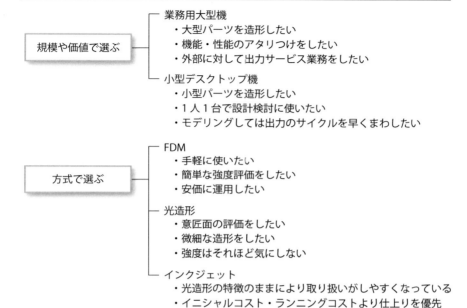

FDMでは実現できない表面の滑らかさにあると言える。この品質は魅力だ。ただし、よいことばかりではなくデメリットもある。FDMと比較して材料の取扱いが面倒で、さらに後処理にも手間が掛かる。とはいえ、それを上回る魅力もあるので、寸法も含めて精密さが必要な場合にはこの方式を中心に考えるのがよいだろう。余裕があれば用途によってFDMとの使い分けも有効だ。

インクジェット方式の選択：光硬化性樹脂を使うので光造形と同様の性質を持つ。サポート除去など後処理を考えても優れており、材料の種類も豊富だ。ただし、価格的には数百万円以上で保守や材料などのランニングコストもかかる。出力サービス企業でもよく使用されている方式であり、工業製品の比較的大型の試作パーツの造形から細かく精細なジュエリーのようなものまでオールラウンドに出力できる。導入していなくても外部の出力サービスを活用することもできるので、ぜひ試してみたい方式だ。

要点 ノート

設計検討で頻繁に使用するのであれば、小型FDMや光造形が使い勝手がよい。インクジェットは光造形を使いやすくしたもの。コストがかかる。最終製品や外部への納品を考えているのならば業務用の大型機も考えたい。

【3】 3Dプリンター活用の基礎

3Dプリンター活用に必要なスキル

　切削加工や射出成形などの他の造形方法と3Dプリンターの一番の違いは、造形にあたって求められるスキルが少ないということであろう。射出成形などは、そもそも射出成形機が必要であるほか、成形のための金型を作る必要もある。切削加工も最近では比較的安価で入手しやすい加工機が登場はしてきているものの、実際に加工をするには未経験者にはハードルが高い。

　しかし、3Dプリンターの場合には、基本的には3Dデータさえ準備できれば、とりあえず造形をすることはできる。機械がトラブルを起こさなければ放置していてもプリンターが勝手に造形をしてくれる。

　とはいえ必要なスキルは存在するので以下に述べる。

❶データ作成のスキル

　3Dプリンターを使用するうえで一番求められるのは、ソフトウェア的なスキルだ。言い換えれば3D CADや3D CGといったソフトを使って3Dデータを作成するスキルである。作るものが工業製品の部品などで、普段から3D CADを使用しているのであれば新たに学ぶスキルはないと言ってもよいだろう。

　ただし、複数の部品を製造し組み立てるような場合には、組み合わせる部分の隙間など、実際に組み合せたときにきちんと成立するように細かな寸法まで気を使って作る必要がある。また、あらかじめ3Dプリンターでの出力を前提にした場合などでも、例えば出力方式に応じた肉厚などプリンターの特性を理解したうえで部品形状を作成していくことなども必要だ。

❷データ修正のスキル

　プリンター付属のソフトにインポートした3Dデータがソリッドになっていないなど、形状が一部壊れていることがある。自ら作成したデータはもとより、外部から出力依頼されたデータにも起こりがちのトラブルである。甚だしい場合には、データの作成元に依頼して直してもらうが、多くのエラーの場合では、STL修正ソフトを使用して問題個所を修復可能だ。また、3Dスキャンなどから3Dデータを作成する場合にも、スキャンしきれなかった部分の穴埋めや表面を滑らかにするなど、形を整える作業を行うためのスキルが必要となる。さらに前述のSTLの修正スキルも必要になる。場合によっては、ちょっ

| 図表 1-21 | 3Dプリンター活用に必要なスキルと注意事項 |

必要となるスキル	スキル内容とポイント
①データ作成： （ソフトウェア上の作業）	・3D CADや3D CGで3Dデータを作成する ・公差設定（アセンブリ部品の造形では組立代の寸法を設定） ・肉厚設定（肉厚が薄すぎて造形できないなどないように、出力方式に応じた肉厚の設定をする）
②データ修正： （ソフトウェア上の作業）	・作成した3Dデータでエラーが発生した場合に修正する（3D CADでモデリングしている場合、エラーの度合いによってはCADに戻って修正する必要がある） ・3Dスキャナーによる取り込みデータの修正（スキャンしきれなかった部分のポリゴンデータの修正が必要）
③パーツの配置とオリエンテーション： （ソフトウェア上の作業）	・プラットフォームにパーツを配置する（プラットフォームの位置や配置する際の向きにより寸法精度が異なるためノウハウが必要） ・サポート材をつける位置や、サポート材の量を調節（ケチると変形を起こす。付けすぎると時間がかかる） ・目的にあった品質を得るための積層ピッチの設定（光造形で微細な構造を造形する場合はピッチを小さく）
④後処理： （物理的な手作業）	・サポート材の除去（光造形ではアルコールを使ってていねいに落とす） ・表面の仕上げ（洗浄、研磨、二次硬化） ・塗装（表面仕上げの巧拙が塗装のできばえに影響）

とした穴埋めでは済まず大掛かりな修正となる。

❸パーツのオリエンテーション

　パーツは3Dプリンターのプラットフォームにどのように配置してもよいというわけではない。造形台の中心と端では、寸法精度が異なったりする。部品の向きによっても寸法精度が異なることも珍しくない。サポート材をつける位置やその量、意匠面を考えた部品の向き、その用途に必要な積層ピッチなど一つ一つが造形物の品質に影響を与える。これらの操作をソフト上で適切に行うことが必要だ。

❹後処理など

　ここが唯一の物理的な手作業のスキルだ。造形後のパーツは、プリンターから取り出したあと、サポート材の除去に始まり、表面の仕上げ、洗浄、二次硬化、場合によっては表面の仕上げなども求められる。この処理をいい加減にしてしまうと最後の最後で出力物の品質が下がってしまうことがある。

> **要点 ノート**
> 3Dプリンターを活用してトラブルなく安定した出力を得るためには、3Dプリンターの性質をよく知ったうえで、ソフトウェアを使ったデータの作成と修正に精通しておく必要がある。

【3】3Dプリンター活用の基礎

3Dプリンターの制限と限界

　3Dプリンターは造形できる形状の制限が少ないと言われている。ただし、これは切削など他の加工法と比較した場合であり、どんな形でも無制限に造形ができるわけではない。また、いくら3Dデータの品質が高くとも、造形時に十分に注意を払わないと精度のよい造形ができない。そこで本項では、3Dプリンターを使用するうえでの制限を考えてみたい。ただし、低価格のデスクトップ機と高価な業務用機、あるいは異なる方式間でも様々な違いがあり、これらをすべて一括して語るのは乱暴なので、あくまでも共通する点にフォーカスする。

❶造形できる形状

　前述のように確かに切削加工などと比較すると造形できる形状の幅は広いがそれでもできない形状はある。例えば、中空の球を考えてみる。安定して球を作成するには内部の空洞にサポート材を詰める必要がある。しかし、このような閉じた空間にサポート材を詰めてしまえば、抜くことは不可能だ。光造形なら未硬化の樹脂が残るし、FDMならサポートの構造が、粉末焼結なら粉が残る。どこかに穴をあけておけば光造形か粉末焼結ならサポートを除去できるが、物理的にサポートを剥がすタイプのFDMなら非常に困難だ。同様のことが例えば、複雑に入り組んだパイプのような形状に対しても言える。どうしても分割しなければならない形状は残る。

❷他の造形方法との組み合わせによる制限

　例えば最終製品を射出成形で作ると決っている場合には、結局、射出成形で作れる形状に縛られてしまう。3Dプリンターでしか作れない形状を試作品で作っても意味がない。

❸材料の制限

　3Dプリンターで使用できる材料は、これまで述べてきたとおり、この数年で増えている。とはいえ、切削加工のように刃物で削れるものは何でも使えるとか、射出成形において自分が指定した樹脂を使用できるというようなわけにはいかない。材料に関する制限は、他の造形方法よりもむしろきついということが言える。このため3Dプリンターを導入したからと言って、他の造形方法

| 図表 1-22 | 3D プリンターの課題 |

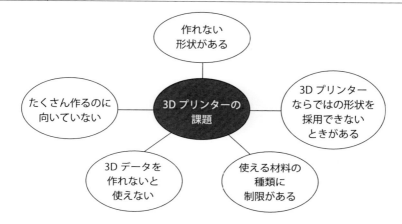

を自動的に置き換えるというわけにはいかない。また、コストも問題だ。小型のデスクトップ機は比較的コストが安いとはいえ、例えば射出成形に用いるペレットの単価と比較すればかなり高い。ましてや業務用機の専用材料は高価だ。やたらに使えばコスト高になってしまう。

❹データの作成に必要なスキルと時間の制限

以前に比べれば、日本の製造業でも 3D CAD のユーザー人口は増えている。しかし、それでも 3D データを作れるというスキルは 3D プリンターを使ううえでの制限になっていることは確かなようだ。2次元の図面やポンチ絵から自動的に 3D データを作成できない以上、事業で使用するにはこのスキルを持つ人材を確保するということは一つの制限だ。

❺量産性の限界

切削加工の特徴にも通じるが、一つの製品の大量生産には向かない。単純に一個あたりの製造時間、それにも関連するが製造コストが高すぎるのだ。特に造形時間は問題である。最終製品の品質が実現できたとしても、数秒で一個作ることができるのと、早くても数分から数十分では、たくさん作れば作るほどコストに差がでてきてしまう。

これらの制限を考えて適切に 3D プリンターを活用する必要がある。

> **要点ノート**
> 他の加工法同様、3D プリンターによる加工にも一長一短がある。メリットを最大限に生かすことを考えながらも、全体最適で視点で取り入れていくことを忘れてはならない。

第2章
3Dデータ作成のポイント

1 3Dプリンターのためのモデリングの基礎

3Dプリンターの活用の
キーとなる3Dデータの作成

　第1章においては、製造業で使用されている他の造形法と対比した3Dプリンターによる造形法の特徴を述べた。そこでわかったのは、パーツデータを作成する設計側が製造を十分考慮したデータを作成する必要があるということだ。

❶自社で3Dデータを作れるか

　2D CADデータと3D CADデータの違いを考えたい。前者は製造担当者に対する指示書であって、図面（2D）に描かれている通りに製造されるわけではないのに対して、後者、特に3Dプリンターを使う場合には3D CADで定義された形状・寸法がそのまま加工されるという違いがある。例えば外注先に図面を渡して加工してもらう場合、図面に描かれた形状が造形物と同じ寸法である必要はない。実際に加工をする担当者が必要な情報が図面に記述されていればよく、実際に工作機械を動かすためのデータはその担当者が作成する。

　しかし、3Dプリンターを使用する場合には、3D CADで定義された形状・寸法がそのまま造形される。後工程に製造のためのデータを定義する担当者はいないため、設計者が直接形状を定義する必要がある。プリンターで文書を印刷するためには、あらかじめパソコンで文書ファイルを作成しておかなければならないのと同じだ。手書きしかできない人であれば、誰かにパソコンで清書してもらわなければならない。社内に3Dデータを作成する人がいないのであれば、データ作成から外注しなければならない。それでは割に合わない。

　そこで企業において、3Dプリンターを活用できるか否かの最大のポイントは、社内に3Dデータ作成できる能力のある人材がいるかどうか、ということになる。せっかく3Dプリンターを導入しても、3Dデータを扱える人材がいないため、まったく使われないままになってしまっている企業が実在している。

❷3D CADと3D CGの両方で3Dデータを扱えるメリット

　次のポイントは多様な3Dデータを扱うことができるかどうか、ということである。これは必ずしもすべての企業に当てはまるわけではないが、扱うデータの幅が広げれば企業によってはビジネスチャンスの拡大につながることがある。

　3Dプリンターで出力する際、出力したいものが3Dデータでありさえすればよい。それはシンプルなパーツであっても、もっと複雑で有機的な形状であっ

第 2 章　3Dデータ作成のポイント

図表 2-1　様々な 3D データ作成法

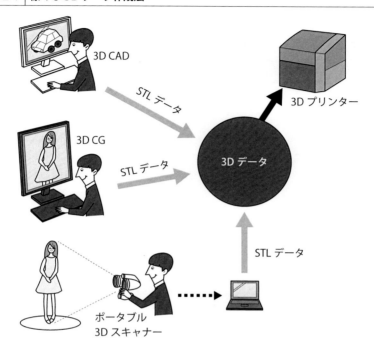

ても、その違いは問わない。試作パーツの造形をする場合、寸法だけで定義できる機械部品のようなものは3D CADが扱えれば十分だ。しかし、例えば最終的に大量生産を目指して、まず始めに手原型（粘土などを使って手で作られた原型となる形状）で作成したフィギュアなどの形状を3Dプリンターで造形する場合は、3D CADで3Dデータを作成するのは難しい。その場合、3D CGを使って3Dデータを作成する必要も出てくる。あるいは、3Dスキャナを使用して最初の3Dデータを作成する場合も出てくる。

　3D CADを用いて設計をするスキルと、3D CGを用いて形状を作成するスキルは同じ3D形状を作成するスキルといっても求められる能力が異なる。ただし、この垣根を乗り越えて、二刀流で3Dデータを作成することができるようになると、3Dプリンターはこれらのデータを平等に受け取ることができるため、3Dプリンターを活用できるシーンはさらに広がっていくはずである。

要点　ノート

3Dプリンター活用の成否を握るのは3Dデータを自前で作成できるか否かである。3D CADのみならず3D CGを利用できれば表現のぐっと幅が広がる。

1 3Dプリンターのためのモデリングの基礎

様々な種類の3Dデータ

　3Dデータとは、簡単に言えば立体形状をコンピュータ上で再現しているデータと言える。通常、インターネットなどで検索できる写真やイラストのjpgやpdfといったデータは縦横で表せる2次元の平面的な情報は持っているが、奥行きの情報は存在していない。ところが、3Dデータの場合には、奥行きの情報も持っているため、その情報を3Dプリンターに渡してやれば、パソコン上のバーチャルな3次元の形が、実際の物理的な形状になるというわけだ。

　3次元的な形状の表現方法は一つではない。複数の表現方法が存在していて、アプリケーションによって、それらが使い分けられている。

❶ワイヤフレーム

　3次元形状を頂点と稜線のみで表現する。初期のCGで使われていた表現だ。単純な円柱や球などといったプリミティブな形状の表現はできるが、例えば自由曲面が具体的にどうなっているのかなどの表現は難しい。現在では後述するソリッドのデータを簡易に表現するためにワイヤフレームで表現することはあるが、この形式を使用しているソフトはほとんどない。

❷サーフェイス

　立体的な形状を「面」のデータとして表現する。この場合には、より正確に物体の表面の形状などを表現することができる。面のデータを組み合わせることで、擬似的に塊のような形状を表現することができる。ただし、3Dの形状が頂点や稜線、そして曲面のみで構成されているため、中身のつまった塊を表現することができないのが、サーフェイスモデルの欠点である。

❸ソリッド

　ソリッドとは中身のつまった立体形状の情報である。前述のワイヤフレームやサーフェイスモデルで持っている情報はもちろんのこと、面の裏表や体積の情報も持つことができる。実際に私たちの世界の物理的な立体をバーチャルのコンピュータ上で表現できる、ほぼ完全な立体モデルと言ってよい。球面や曲面といった平面でない形状も数学的に正確に表現することができるため、寸法や幾何情報が正確に表現されないといけない工業製品の設計には、このソリッ

| 図表 2-2 | 3D 形状の表現のいろいろ |

ワイヤーフレーム	サーフェス	ソリッド	ポリゴン
3次元空間に線情報だけで、立体を定義する	曲線と曲面、曲面同士の関係で立体を定義する	サーフェスに加え、裏表情報、体積情報などを持ち、塊りとして立体を定義する	曲線はなく、直線で構成された三角面の集合で立体を定義する

コンテンツ提供：3次元形状を活用する会

ドモデルが用いられる。

　また「塊」を表現できるため、複数の部品を組み合わせるアセンブリモデルなどにおいて、実際の製品を製造する前に部品間の干渉、あるいは可動部品が動いたときの衝突をコンピュータ上で事前に確認することもできるため機械部品の設計に用いられるCADはこのソリッドモデラーである。

❹ポリゴン

　用途によっては、形状を厳密に表現しなくてもよい場合がある。例えば、3D CGを使用するゲームなどでは、確かに立体のデータではあるが、実際にはCADのように形状を正確に表現したデータではなくポリゴンと呼ばれる三角形や四角形パッチの集合体のデータである。

　例えば、球を表現したとき、ソリッドでは球だが、ポリゴンでは多面体として表現されている。多面体も面数が少なければカクカクとした形だが、ポリゴン数を増やすと人の目には球に見える。一般にフィギュアや、工業製品でも手原型から起こしたような立体データの作成には、3D CGソフトが用いられるが、3D CGで主に用いられているものが、このポリゴンデータである。なお、ボクセルと呼ばれる細かい立方体の集合体として表現するタイプの3D CGソフトもある。

> **要点ノート**
> 3Dデータにおける立体の表現方法には4つの種類がある。それぞれに向いた活用方法があるので特徴を踏まえておく必要がある。

❮1❯ 3Dプリンターのためのモデリングの基礎

3Dプリンターで出力可能な3Dデータ

　3Dの形状表現にはさまざまなものがあることがわかったが、3Dプリンターで立体形状を造形する際、どのような3Dデータでもよいというわけにはいかない。3Dプリンターで使用するためには、3Dデータは決められたルールで作成されなくてはならなない。

　3Dプリンターで造形できるものは物理的に存在できるオブジェクトのみである。それは言い換えると、体積を持つものでなくてはならないということだ。これは3D CADで立体を作成する場合でも、3D CGで立体を作成する場合でも共通するルールである。

❶3D CADでデータを作成する場合

　製造業においては大部分のユーザーが、3D CADで立体形状を作成することになる。その際に大事なことは、「ソリッド」で立体形状を作成する必要があるということだ。主要な機械系CADを用いて、いわゆるソリッドモデリングにて部品形状を作成しているのであれば、問題ない。しかし、意匠性を重視した自由曲面などを多用した形状を作成する場合には、あえてサーフェイスモデラーを作って形状を作成することも考えられる。そのような場合には、最終的にはサーフェイスをスティッチして（縫い合わせて）、ソリッドにする必要がある。サーフェイスは、厚みがない、すなわちゼロの立体形状である。厚みがないということは体積を持ち合わせないため物理的な存在を造形する3Dプリンターで出力することはできない。非常に薄い板のようなものであっても何かしらの現実的な肉厚をつけて「ソリッド」にする必要がある。

　基本的に、ソリッドのみでモデリングをしている場合には、ほとんど問題は起きないが、かなり無理をして形状を作成した場合には、後述するSTL変換の際にエラーが発生する場合がある。また、ある3D CADで作成した形状を別の3D CADにインポートして編集をする際に、インポート時にエラーが発生してソリッドにならないケースがある。

　そのような場合、エラーを修正してから形状を編集する必要がある。

　もう一つ、何らかの理由で複数のソリッドでモデリングをする場合（マルチボディ）では、ボディが干渉していないことが重要である。干渉したままエク

図表 2-3 | 3D プリンター用データの特徴と注意点

3Dデータを作成する方法	特徴	注意点
① 3D CADでデータを作成する場合	・ソリッドモデルで立体形状を作成する ・ソリッドモデラーによって仕上がったモデルをそのままSTLに変換する ・サーフェイスモデラーを使い、サーフェイスをスティッチ（縫い合わせて）してソリッドモデルとする	・別の3D CADで作ったデータをインポートしてそれをベースに仕上げるときインポート時にエラーが発生してソリッドになっていないことがある ・複数のモデル（ソリッド）を組み合わせるときには干渉しないように注意する
② 3D CGでデータを作成する場合	・ポリゴンモデルで立体形状を作成する ・ポリゴンモデルの立体表現は、STLの立体表現と同じため、エラーがあった場合、3D CGソフト自身でも修正は可能	・立体のポリゴンモデルの頂点を掴み目的の形に変形してモデリングするには問題ないが、板状のポリゴンを延長しながら立体にする場合、最終的に完全に閉じるように注意する ・複雑な形状では、意図せずポリゴンの頂点で自己交差してしまうことがあるので注意する ・ポリゴンのパッチが一部裏返ってしまうことがあるので、STLエクスポート前に表裏を確認する

スポートすると3Dプリンター側のソフトでエラーの原因になることがある。干渉がないようにボディーの位置を変えるか、ブーリアンなどで結合する必要がある。

❷ 3D CGでデータを作成する場合

　3D CGで立体形状を作成する場合には、ポリゴンでデータを作成することになる。完全に閉じたポリゴンを元に編集していく場合には、基本的に問題はないが、板状のポリゴンを延長しながら立体形状を作って行く場合には、最終的に穴が空いていないように完全に閉じた状態にする必要がある。また複雑な込み入った形状の場合には、意図せず形状が自己交差を起こしてしまうことがあるが、そのような状態も避けなければならない。さらにポリゴンには表と裏が存在しているが、モデリングの過程で混ざってしまうことがある。この場合も、スライスデータなどを作成する際にエラーが発生することがある。

　いずれにせよ、3D CADと3D CGのどちらの場合でも「筋の良い」3Dデータの作成が重要である。

要点 ノート

> 3Dプリンターで使う3Dデータは、ソリッドか、または閉じたポリゴンにする必要がある。どちらも干渉がないようにする必要がある。

1　3Dプリンターのためのモデリングの基礎

3Dデータの作成：CAD編
基本となるソリッドデータの作成

　前述したとおり、3D CADを使って3Dプリンターで使用できるデータを作成するためには、「ソリッド」のデータを作成する必要がある。本書は、モデリングのガイドブックではないので、ごく簡単に記述するが、以下のような形流れでデータを作成する。

❶ステップ1：立体を作成するための2次元のスケッチを作成する

　3D CADでは、プリミティブと呼ばれる立体の基本形状を使用する場合を除いて、ほとんどの場合はスケッチと呼ばれる、2次元の基本形状を作成する。このスケッチ作成時に重要なのは、「閉じた」図形であることだ。閉じた図形というのは、**図表2-4**の左のように始点と終点がない一周できる形のことだ。右のように一本の線ではない。なぜ、閉じた形状でないといけないのかというと、一本の線では、立体をソリッドとして作成することができず、サーフェイスモデルになってしまうからだ。

❷ステップ2：作図したスケッチから立体を作成する

　2次元のスケッチの作図が終わったら、このスケッチを使用して立体を作成する。立体にする方法はいくつかあるが、特に機械部品であれば「押し出し」や「回転」などのコマンドを多用する。パイプのような形状であれば「スイープ」、また異なる断面をつないだような形状であれば「ロフト」などのコマンドを使用する。このように一つのスケッチなどからできる形状をフィーチャー（**図表2-5**）と言うが、これらのフィーチャーをいくつも積み重ねて、複雑な実際の製品形状ができていく。また、3D CADでは、個別の部品を作っていくだけではなく、これらの部品を複数組み合わせた「アセンブリ」を作成することも可能だ。

❸ステップ3：3Dプリンターで出力するためのファイルを作成する

　3D CADで目的の部品形状が作成できたら、3Dプリンターで出力するためのファイル（STLファイル）を作成する。3D CADからSTLファイルを作成する方法は複数あることが多い。一つは、単純にファイルを保存することだ。3D CADのファイルの保存メニューでファイル形式としてSTLを選択したうえで適当な名前をつけて保存すればよい。また、その際にオプションのメ

| 図表 2-4 | スケッチ |

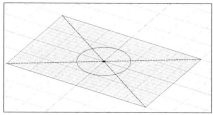
閉じたスケッチ

開いたスケッチ

| 図表 2-5 | フィーチャー（押し出し） |

ニューがあることも多い。STLファイルでは立体形状を三角形のパッチを繋ぎ合わせた集合体で表現するため、曲面の領域は正確に形状をトレースしようと思うと細かくする必要がある。粗すぎればかなり角ばった形状になるが、細かすぎればデータが必要以上に重たくなり、ハンドリングが難しくなる。3D CADのデフォルトの設定で問題のない場合も多いが、出力した結果を見て手動で設定を変えることも可能だ。なお、設定方法などは、使用している3D CADの仕様による。

　さらに3Dプリンターでの出力を意識したソフトであれば、3Dプリンターでの出力のための専用のユーティリティーソフト、あるいはプラグインソフトと連動し、任意のプリンターのプラットフォーム上での配置やオリエンテーションまで操作することができるものもある。常時、自分のパソコンを特定の3Dプリンターにつないで操作するのであれば、印刷物を紙のプリンターで出力するのと同じ感覚で造形を行うことができる。

> **要点 ノート**
> 3D CADによる3Dモデルは、2Dの絵柄（スケッチ）をCADのコマンドで立体化し（フィーチャー）、これらを組み合わせて作られる。

1 3Dプリンターのためのモデリングの基礎

3Dデータの作成：CG編
基本となるポリゴンの作成

　製造業への3Dプリンターの普及が進むにつれ、造形する形状についても、より自由度の高い様々な形状のものが作られるようになってきた。またこうした形状を作るための3Dデータの作成についても、寸法で明確に形状を規定する3D CADだけではなく、もっと感覚的に操作することができる3D CGを利用したいというニーズが増えている。そこで、本節では、3D CGで使用するポリゴンデータからSTLファイルを作成する仕方について解説する。

　前節で解説したように、3D CADで形状を作成する場合、まず2Dの形状（スケッチ）を作成してから、その形状を3D（フィーチャー）にするという流れで3Dデータを作成する。スケッチのそれぞれの線が何ミリか、あるいは押出量が何ミリか、2つの穴の中点間の距離が何ミリかなど厳密な寸法の定義が可能で、かつできあがる形状は数学的にも正確だ。

　3D CGの場合には、はじめからポリゴンでできた立体を操作しながら形を整えていく。3D CGによる形状の作成方法は一つではないので、以下に示すやり方はその一例であると考えて欲しい。

❶ステップ1：プリミティブ形状の作成

　まず球や直方体、円錐、角錐などのプリミティブと呼ばれる基本形状を作成する。これは単純にメニューから選択して配置するだけだ。さて、この作業を行う前に一つ気にしておく必要のあるポイントがある。それは寸法についてである。3D CADの場合には、最初にどのような単位系を使うのかを設定しておくことがほとんどだ。設定をきちんとしておけば、例えば日本で工業製品を設計する場合には長さの単位はmmを使用する。したがって、3D CADデータをそのままSTLに変換すれば長さが100mmのものは100mmとして出力される。

　これに対して、3D CGはそのような単位系を持っていない。3D CGを本来の画像や動画の作成用途で使用するのであれば、モデリングしているものの大きさは相対的に合っていればよいので特に問題にはならないが、3Dプリンターで出力する際には、場合によっては極端に小さいとか大きい場合も存在する。3D CGソフトによっては、長さを設定することができるものもあるので、必要に応じて使用するとよい。

図表2-6 | 3D CG を使った STL ファイル作成の手順

①プリミティブを作成

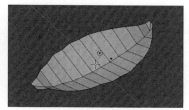
②大まかに形を作成

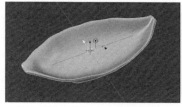
③サブディビジョンで形を整える

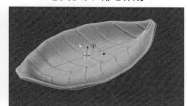
④ディティールを仕上げる

❷ステップ2：大まかに形を整えていく

必要に応じてポリゴンを分割したり、押し出したり、あるいは頂点の位置などを動かしながら、大まかに作りたい形状に近づけていく。このときに大事なのは、あまり細かくポリゴンを分割しないことだ。

❸ステップ3：サブディビジョンを使って形状を整える

ある程度大まかな形が整ったらサブディジョン（細分割曲面）を使って、実際に作りたい細かい形に整えていく。最終的には、サブディビジョンを適用して細かいポリゴンからなる形にする。また、スカルプトという粘土細工のようなやり方で細かい造形を施すこともある。

❹ステップ4：ファイルをエクスポートする

3D CGでは、元々ポリゴンで形状が作成されているので、画面上の形状がほぼそのままエクスポートされると考えてよい。四角形のポリゴンで作成されている場合には、STLにエクスポート時に三角形のポリゴンに変換されるが、三角形のものであれば見た目のとおりにエクスポートされる。逆に言えば、STLファイルをインポートして3D CG上で作業することも可能だ。

> **要点 / ノート**
> 3D CGによる3Dモデルは、プリミティブと呼ばれる基本形状となるポリゴンを変形したり分割したりなどして段々目的の形に近づけていく。3D CGには、寸法を細かく規定する思想がないので注意が必要だ。

1 3Dプリンターのためのモデリングの基礎

3Dデータの作成：3Dスキャン編
点群データのとりこみと編集

　デジタルデータを活用したものづくりは、3Dデータありきでスタートする場合が多い。アイデア段階では、手書きのイラストやポンチ絵を描きながら検討していても、実際に設計するときには3D CADなどを使うからである。とはいえ、手作りの原型などの現物や、あるいは機械部品でも旧部品のため図面もなく現物しか存在していないなどのケースでは、3Dスキャンなどの方法を使用して3Dデータを作成することもある。現物から3Dデータを作成する方法には、3Dスキャンを使用する方法のほかに、多方向からたくさんの写真を撮影してそれらの写真から立体を作成する方法があるが、ここではより一般的な3Dスキャンによる方法について解説する。

❶ステップ1：現物をスキャンする

　3Dスキャナには接触型と非接触型があるが、最近では非接触型のハンディスキャナなども多く用いられる。人物をスキャンする際はハンディスキャナが用いられることも多い。固定型のスキャナが現物を置いたステージを回転させるなどしてスキャンするのに対して、ハンディ型のスキャナでは作業者が現物の周囲をくまなくまわってスキャンする。スキャナは対象に対してレーザー光線をあててその反射した情報をもとにして立体のイメージを作成していく。スキャナの機種によってはスキャンと同時に形状だけでなく、その物体表面のテクスチャ（質感など）をキャプチャできるものもある。

　スキャンする際に重要なのは、できる限り物体をくまなくスキャンすることである。紙をスキャンする場合には、平らな一面のみがスキャン対象なので、後からスキャンできていなかったなどという漏れはないが、立体の場合には影の場所や形状が込みっている場合にはスキャンできていないことがある。そのような場所は、穴があいたようになってしまうので、できる限り丁寧にスキャンをすることが重要だ。

❷ステップ2：データの編集

　スキャンしたての生データは点群（ポイントクラウド）と呼ばれる。ただ、実際の作業ではソフトが点群から作成したポリゴンデータで作業することになる。ポリゴンデータとは前節の3D CGのデータと同じものだ。ただし、どん

| 図表 2-7 | 3Dスキャナを使ったSTLファイルの作成手順 |

①現物をスキャン(点群データ)

②データの編集とSLTへの変換

なに丁寧にスキャンをしたとしても、現実にはスキャンしきれなかったところが穴になってしまっていることも多い。この場合、それらの穴をデータ上で適切に塞いでいく必要がある。この作業は、元の形状に忠実にデジタル化するために丁寧に作業する必要がある。

❸ステップ3：データのエクスポート

データの修正が終わったら、3Dプリンターで出力するためにエクスポートする。このときのフォーマットはSTLだ。変換したあとでも、STLの品質を別ソフトで確認することもできるし、前述したようにSTLはポリゴンなので、3D CGでも修正することが可能だ。

図面がなく現物が金型くらいしか残っていない旧部品を復活させるような目的でスキャンをした場合、3D CGではなく3D CADで作業する。寸法で形状を正しく規定する必要があるためだ。3D CADは通常ポリゴンを扱うことはできないが、読み込んで表示することは可能だ。したがって、読み込んだSTLの形状を下絵として扱い、そのデータをトレースしながらソリッドモデルを作成することになる。

要点 ノート

現物がすでにある場合には、3Dスキャナーを使って点群データを取得し、これをソフトで手直ししてポリゴンデータをつくる。

1　3Dプリンターのためのモデリングの基礎

3Dプリンターを意識したモデリング（1）：
肉厚の設定

　基本的には、3D CADを使ってソリッドで作成した立体形状や、3D CGでしっかりと閉じた形状は原理的にはそのまま3Dプリンターで出力することができる。

　しかし、現実には、そのまま出力することは難しい形状もある。簡単に言えば、物理的に作ったり、使ったりすることが難しい形状は、3Dプリンターで出力することは難しいということだ。そこで、このあとの本項および次項では、モデリングにおいて注意すべきポイントをいくつか述べていく。

❶肉厚の問題

　3Dプリンターにおける造形で肉厚の問題があるとすれば、それは薄すぎる場合である。射出成形などでは厚すぎる肉厚もヒケなどの問題を起こすが、3Dプリンターの場合には、基本的には薄すぎる肉厚が問題だ。

　薄すぎる肉厚は基本的には、2つの問題を発生させる。一つは造形の問題で、もう一つはできあがったあとの部品の強度の問題だ。前者は、限界を超えて薄いとそもそも造形が難しいという問題が発生する。後者は、必ずしも造形の問題にならないこともあるが、造形方法に関係なく気にすべきことなのであらかじめ、構造的な強度の計算をしておきたい。

　肉厚はどこまで薄くできるかは、3Dプリンターの特に造形方式によって異なる。一般的に比較的薄い肉厚でも造形が可能なのが光造形やインクジェットなど光硬化性樹脂を使用するタイプだ。これらの方式であれば、肉厚がもっとも薄くて0.7mm程度まで出力が可能だ。もっともこの数値は材料の特性によっても変わってくる。例えば通常のアクリル系のものであれば、0.7mm程度で大丈夫であっても、ラバーライクのような材料ではさらに肉厚に1.5mmから2mm程度求められることがある。

　粉末樹脂を使用した造形方式ではもう少し肉厚が必要となる。薄すぎると、デリケートな形状では造形物の上をローラーでならして粉末を供給する際に破損する危険性もある。突き出した片持ち梁のように片端がフリーな板のような形状を立てて造形する場合も要注意だ。また粉末を使う方式のなかには、特殊な樹脂に青銅などを染み込ませた材料をバインダジェットで造形し、後からデ

図表2-8 | 3Dプリンター方式と必要な肉厚

3Dプリンター方式	材料	支えようのない板のおおよその最低肉厚
光造形・インクジェット	アクリル系 ラバーライク	0.7mm前後 1.5〜2mm前後
FDM	ABS系、PLA系	1.2mm前後
バインダジェット・金属3D	粉末樹脂、金属粉末	—

パウダーするなどという方式もある。その場合にもデリケートすぎる形状は造形中に壊れてしまうことがあるので要注意だ。

FDMで造形する場合にも肉厚は重要だ。特に造形する方向にもよるが肉厚方向に一層しか作れないなどの肉厚では樹脂の糸が1本のみなどもはや形をなさない場合もある。現実的には最低3層くらいは欲しい。FDMの平均的なノズルの直径は0.4mmなので1.2mmくらいは欲しいといえる。

3D CADによる肉厚の設定

3DCADでモデリングする場合には、比較的注意しやすい。スケッチをするときには明示的に寸法拘束をつけるからその際の寸法や厚み方向に押し出す場合には押出量を、またシェルコマンドなどで肉抜きをするときも肉厚の指定に注意すればよい。自由曲面をサーフェイスなどで作る場合もオフセット量に気をつける。また最後に気になるところは、計測コマンドではかることができる。

3D CGによる肉厚の設定

3D CGでモデリングする場合には、そもそも寸法に注意しながらモデリングをするわけではないので難しいが、例えば板状のポリゴンに厚みを付ける場合には寸法で指定できるので注意する。ただ、基本的にCADのように寸法を測定することが難しいので、最終的に肉厚はSTLにした後に、STLの修正ソフトの機能などで測定すればよいだろう。

要点 ノート

肉厚が薄すぎる形状は、データ上では問題なくても実際には造形時に壊れてしまうことがある。加工できる肉厚の数値は3Dプリンターの方式によって異なるのでモデリング時には注意が必要だ。

1 3Dプリンターのためのモデリングの基礎

3Dプリンターを意識したモデリング（2）：
サポート除去の難しい形状

　3Dプリンターによる造形は、他の造形方法と比較すると造形できる形状に制限が少ないのが特徴である。とは、造形できる形状に制限がまったくないわけではない。3Dプリンターで造形をする際に考慮すべき代表的な形状を以下に述べる。

❶中空形状

　純粋な中空形状、例えば中空の球のような形状は、例外的な形状を除けば、他の造形方法はもとより、3Dプリンターでもそのまま出力することは難しい。その理由は主としてサポートにある。例えばFDM形式の3Dプリンターで中空の球を作成する場合、内部にサポート材が作成される。サポート材は不要なものなのでどこにも穴が開いていないとそもそもサポートを取り出すことはできない。

　それは他の造形方法でも同じことである。例えば、光造形方式の3Dプリンターであれば、内部に柱状のサポートが作成されるが、やはり取り出すことは不可能だし、未硬化の樹脂も内部に残ってしまう。インクジェット方式ではサポート材が中を埋めてしまうし、粉末焼結も詰まった粉を取り出すことはできない。完全な中空が必要な場合には、どこかに穴を開けてあとでそこを塞ぐか、またはパーツを分割してあとで接着するなどの対策が必要となる。

❷複雑な形状やサポートを取ることが難しい形状

　すべての3Dプリンターに当てはまるわけではないが、一部の3Dプリンターにとっては難題となるケースが存在する。例えば複雑に折れ曲がったパイプ形状を考えてみる。

　このような形状の場合には、どの方式の3Dプリンターで出力するのかでモデリングのアプローチも変わってくる。例えばインクジェットや粉末焼結、あるいはFDMなどサポート材が溶解できるタイプの方式であればサポート材の除去は特に問題にはならない。溶かしたり、粉を出したりするだけで基本的には済むからだ。もちろん内部の表面を後処理する必要がある場合はその限りではないが単純にサポート材を取り出すだけなら大きな問題にはならない。ところが光造形などサポート材を工具で剥がすタイプの方式では、そもそも工具が

図表 2-9 複雑に曲がったパイプ形状

届かないので除去自体ができない。やはり、このような場合にはサポート材を除去できるようにパーツを分割する必要がある。

　実は、この問題は複雑な形状だけで起こるとは限らない。例えば豚の貯金箱を考えてみると硬貨を投入する口と貯まった硬貨を取り出す口があるので大丈夫に思えるが、FDMなどではサポートの取り出しが難しい。なかなかうまく除去できない可能性がある上に、荒れた表面をきれいにするのも難しいからだ。

　あるいは長めの筒のような容器を考えてみる。これも一見単純そうに見えるが、筒の奥行きが深く、かつ直径がそれほど大きくない場合には、容器の奥のほうまで工具が届かない可能性がある。

　光造形にせよFDMにせよ同じことだ。またサポート痕除去のためには表面を磨かなくてはならないという問題が生じる可能性がある。どうしても難しいときには、やはり問題のない位置でのパーツ分割などを検討する必要がある。

要点 ノート

中空形状や折れ曲がったパイプ形状など、使用したサポート材が除去不能のため実質的には造形できない形状もある。

1 3Dプリンターのためのモデリングの基礎

3Dプリンターを意識したモデリング（3）：
必要に応じた部品の分割

　前節では、構造体内部の問題を取り上げたが、構造体の外観の複雑さも考慮する必要がある。これも基本的にはサポート材が絡んでくる問題につながる。もっとも、この手の問題は、物体を3Dプリンター上でどのように配置するかで解決できるタイプのものもあるので、あらためて取り上げるトピックでもある。また、前節と同様だが、インクジェット等のプリンターを使用できるのであればあまり考えなくてもよい。

　工業製品はないが、例えば以下のような犬のフィギュアを考えてみよう。このモデルを一体で出力する場合、どのような向きで出力するのがよいだろうか。犬本来の立っている向きに出力する場合を考えてみる。この場合には、サポートが犬の胴体の下に**図表2-10**のようについてしまう（FDMの場合）。

　このようになってしまうと、サポートの除去が困難となる。というのも特にデスクトップ型のFDM方式では、出力後に手でサポートを剥がす際に誤って脚も折ってしまう可能性があるからだ。こうしたときは、表面が荒れるのさえ気にならなければ、逆さまにして出力すればよい。ただし、胴体の上部も気になるのであれば、犬のボディーを分割して作成するなどの対処が必要だ。

　また細いデリケートな形状でも、ボディーの片側だけにある場合にはあまり問題はない。しかし、例えば**図表2-11**に示したウニのような形状ではどうで

図表2-10　犬のモデルとサポート

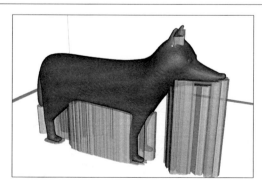

あろうか。どのような向きに配置をしたとしても、サポート材が作成される。FDMでも光造形でも、サポート材が除去できたとしても、表面のサポート痕が上手に処理できないことも考えられる。

　このような場合にも、一度ボディーを分割したうえで、出力後に組み立てるなどの対処ができるようにモデリングを行ううえでは単一のパーツとしてモデリングをするのではなく、複数のパーツにバラしてアセンブリとするのが適切であろう。

　このように細くてデリケートな形状は要注意である。例えば**図表2-12**のような複葉機の模型のケースだ。これは実際にある製品のための試作だが、光造形機を使って一体で出力したとき、上下の翼をつなぐワイヤーが非常に細いため（かなりデフォルメしてこれでも太くしてあるが）、光造形機で出力した場合には、サポートの除去の過程でワイヤーも破損してしまった。このような形状の場合、FDMで出力するのはほぼ諦めたほうがよいだろう。ワイヤー自体も出力をすることができない。

　このようなケースでは部品を分割したうえで、どうしても出力が難しいものについては、無理に3Dプリンターだけで対処しようとするのではなく、別の素材（このケースであれば針金のような細いワイヤー）などで、あとから取り付けるなどといった方法を考えたほうがよいだろう。

図表 2-11	ウニのような形状

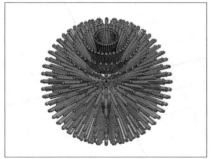

図表 2-12	複葉機のワイヤー形状

要点 / ノート

造形物の形状が複雑な場合、造形後のサポート材の除去を考慮して、あらかじめ分割してモデリングし、造形後に組み立てて仕上げる場合がある。

1 3Dプリンターのためのモデリングの基礎

3Dプリンターを意識したモデリング（4）：
サイズの問題

　3Dプリンターで大型部品を造形する際には一層の配慮が必要となる。というのも、3Dプリンター特にデスクトップ型のほとんどは造形サイズが20cm角にも満たないものばかりだからである。中には40cm以上の大型の物体が一度に造形できる3Dプリンターも存在する。ただし、出力方式によってはコスト高になるほか、FDM方式では、大型ゆえの問題、すなわち造形物の歪みが問題になることがあるからである。

❶なぜパーツの分割が必要か

　3Dプリンターには、複雑な形状でも1回で造形できるという強みがあった。切削工具が届かない、あるいは金型が抜けないなどといった、従来であれば製造上の制限で複数の部品に分割する必要があるものを、サポート材さえ除去することができれば1パーツで造形できてしまうのである。ただし、この強みは造形サイズの制限内での話である。前述したようにサイズの問題で分割しなければならないケースもある。

　すでに自社で大型対応の3Dプリンターを導入している、あるいはそのような3Dプリンターを持っている外部出力サービスを利用できる目処が立っているのであれば問題はない。しかし現実的には、手持ちのデスクトップ型3Dプリンターで出力せざるを得ないことがほとんどであろう。特にコストの掛けられない設計検討の段階ではなおさらである。

　そこで考えなくてはいけないのがパーツの分割だ。これは工具や金型の制約から分割するケースと共通する課題である。

❷分割位置の問題

　本来は1パーツで作りたいものを製造の都合上分割するわけであるから、分割する位置には注意を要する。

　量産品では1パーツで造形する見通しが立っており、試作品に限って分割するのであれば適当な位置で分割しても構わない。ただし、出来栄えが悪くならないようにするためにも意匠面にかからないようにする配慮は必要である。

　一方、もし試作品を機能検証に用いるようであれば、荷重によって応力が集中する部分を避けて分割するとか、場合によっては、ダボとダボ穴を作成する

| 図表 2-13 | 3D CAD によるパーツ分割例 |

分割前モデル

分割後モデル

造形物

などして接続がしやすくなるように工夫する必要がある。

また検討の結果、最終製品も含めて恒久的に部品を分割するのであれば、あらためて2つの部品からなるアセンブリとして設計し直すことも考えられる。3Dプリンターの魅力である1部品で造形できるということは考えずに、部品分割が適当であればそれもよいソリューションである。

❸分割作業はCADのデータで行う

　3Dデータの分割作業は、3D CADデータ上でもSTL上でも行うことができる。ただし、特に機械系の部品などで最初から3D CADでデータ作成をしているのであれば、CAD上で行うほうがよい。このような編集作業の操作性がよいのと、基本的にブーリアン演算などの処理が伴う分割作業は、STLを含めポリゴン系のデータでは苦手だ。他者から受け取ったSTLファイルを出力する場合も同様である。データの修正が必要であれば、できれば元のCADデータを受け取ったほうがよい。STLデータはCADでは編集できないためだ。それが難しい場合には、STL修正ソフトか3D CGソフトを使用して行う。

> **要点 ノート**
> 大型の造形物の場合もあらかじめパーツを分割して出力する必要がある。分割個所は意匠面や造形後の活用面を考慮して影響の少ない個所に決定する。

1 3Dプリンターのためのモデリングの基礎

3Dプリンターを意識したモデリング（5）：
複数部品のアセンブリ

　前項までは、基本的には単品の部品や単品のみで構成される製品を念頭に解説した。しかし実際に単品のみで構成される製品よりも、世の中の圧倒的多数は複数の部品やユニットから構成されている。そこには、ボスとボス穴に始まり、ネジを始めとする各種締結部品による接続、あるいはスナップフィットなどの接続部のことを考えなくてはならない。

　従来ように製造指示を図面で出す場合には、どのように加工するのかという指示は正確に出さなくてはならないが、図面上の線の長さがや半径がそもそも正確なのかどうかは、それほど大きな問題ではない。機械が図面を読み取って加工するわけではないからだ。しかし、3Dプリンターでは、作った3Dデータがそのまま造形されるため、寸法も正確でなくてはならない。

❶はめあいの隙間

　例えば以下の**図表2-14**のようにボス穴に別部品のボスがはまることを考える。3D CAD上でのモデリングでは、ある直径の穴に対するボスも、まったく同じ直径で作成しがちだが、そのまま造形をするとまず入ることはない。仮にどちらも寸法どおりに加工ができたとしても、ボス穴の面とボスの面が同じ場所を占めることになるため、そもそもはまらないし、誤差で微妙にでもボスが大きめに造形されれば穴には入らない。

　そこで、粉末焼結や光造形なら半径にして0.7mmから0.1mm程度の、FDMならさらに大きめの隙間ができるように穴を大きくするか、またはボスの径を小さくする。設計者自身が実際に自分でその大きさにモデルを作り込まなければならない。

❷現物部品との組み合わせ

　場合によっては、3Dプリンターで作る部品の相手方が現物という場合もあるであろう。そのような場合、現物のデータがあれば上記と同じ方法でモデリングを進めていけば問題ないが、ノギスなどで測る場合には誤差も見込まなくてはならない。

　現物側に合うように形状を作成する場合、鍵となる寸法を測りながら形状を作成する方法と、3Dスキャナなどで測定した形状を3Dデータにした上、さら

| 図表 2-14 | ボスのはめあい部 | 図表 2-15 | 光造形による容器のねじ込み部分 |

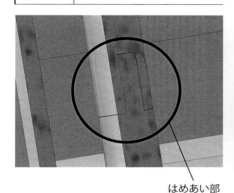

はめあい部

にそれをソリッドのデータにした上でアセンブリを組むことも手法としては可能だ。ただ、よほど複雑な形状を相手にしているのでなければ、ノギスで図りながらパーツをモデリングしたほうが早い。3Dスキャンではコストと時間がかかるうえに、思うように詳細形状がとれなかったり、影になってしまう個所が出てきたりする。さらにその後処理をしてソリッドのデータを作り直している間に、ノギスでは測りながら作っていたら完成していることが多い。もちろん、それで思うようなフィッティングが一発でかかるとは限らないが、小規模な部品であれば2回から3回、微妙に寸法を変えながら作り直しても数時間のうちに完成する。

❸連動する機構部品を同時に造形する場合

　機構部品には、歯車やリンク、スクリューなどがある。これらの部品は単にはめあうだけでなく、はめあいながら運動する必要がある。緩るすぎればガタついてしまうし、きつすぎればスムーズな運動ができない。その意味でボスとボス穴より条件はさらに厳しい。**図表2-15**に示すのは光造形の3Dプリンターで造形した容器のねじ込み部分である。CADで慎重にネジをモデリングし、そのうえで数回のフィッティングを試してみる必要がある。

要点　ノート

造形したパーツをアセンブリする際は、組立代を考慮してモデリングし、造形後も調整を繰り返さなくてはならない。

1 3Dプリンターのためのモデリングの基礎

最終製品の加工方法を意識したモデリング

　3Dプリンターで造形したパーツがそのまま最終製品として利用されるケースが増えてきたことはこれまでに述べた。しかしそうは言っても、本節を書いている時点では（2018年10月現在）、まだ試作品の製造を目的に利用されるケースが圧倒的に多いのも事実である（2018年9月現在）。

　3Dプリンターで試作品を作る場合、まず留意しておかなければならないのが、最終製品の製造方法が加工可能な形状でモデリングするということである。量産品のみならず、実際のモノづくりにおいてはケースバイケースで様々な加工法（造形法）が用いられている。したがって、3Dプリンターによってのみ造形可能な形状で製品を設計するわけには行かないのである。以下では、その代表的な例を紹介しよう。

❶エンドミルなどの刃物が入らない形状

　部品を直接切削加工していく場合、または部品の成形に使う金型を製造する場合のどちらにもマシニングセンターなど切削加工機が用いられる。切削加工では、エンドミルなど使用する工具の径や長さには制限がある。例えば部品があまりにも細く、深い形状では対応する刃物がないかあったとしてもビビりが生じてして狙った精度で加工することができない。これは切削加工の工具の形状転写という原理に根ざした制限なので、その制限を超えた形状の加工はできないということだ。

　エンドミルについてもう一つ別の制限もある。例えば、凹型の角などである。3D CADでモデリングをする場合、このような角でも完全に直角にすることができる。また3Dプリンターで加工する場合でも、使用するプリンターによっては比較的シャープなエッジを造形することもできる。しかし、エンドミルで削る場合には、実際に造形できる角Rは使用するエンドミルの形状に依存する。

❷金型から抜くことが困難な形状

　数を作る量産品などは金型を使用して製造することになる。その際に重要なのは成形後の部品を金型から抜くことができるかということである。もちろん、複雑な形状であってもスライドを使用することで、金型による造形は可能

| 第 2 章 | 3Dデータ作成のポイント |

> **図表 2-16** 最終製品を作る製造方法で加工できない形状例（側面に突起や穴がある形状）

なるが、コスト増につながってしまう。典型例は、ジェネレーティブデザインやトポロジー最適化などを活用して作成するメッシュ状の形状である。メッシュ形状でモデリングされた形状を3Dプリンター以外で造形するのは難しい。

しかし、もっと単純な形状でも難しい形状がある。例えばその一つに二方向抜き金型がある。3次元の配管のような形状である。さらに単純な短い円筒の内部に突起が二本突き出ているとか、側面に穴があいているといった形状も難しい。側面に何もないとか突起が一つだけの場合には上下から金型を抜くことが可能だ（抜き勾配などはここでは考慮していない）。ところが、内側の突起が円筒上にあいた穴であったとする。このような形状の場合には3Dプリンターや切削加工での加工は特に問題のある形状ではないが、金型を使用する場合にはスライドなどが必要になってくる。

ここで示したのはあくまでも一例である。試作で3Dプリンターを活用しようとするならば最終製品の造形方法で加工できるか否か、あるいは可能であってもコストがどのくらい掛かるか把握しておくことが重要である。それがわかっていれば、最初からパーツの形状や、必要に応じたパーツ分割を検討して問題を回避することができるからである。

要点　ノート

> 3Dプリンターで造形できるからといって、最終的にそのパーツを生産することになる加工法でも造形できる、またはしやすい形状とは限らない。試作の役割を考慮してモデリングをする必要がある

2 STLファイル作成のポイント

エクスポート前の3Dデータの確認

　3D CADや3D CGでのモデリングが終わったら、次のプロセスがSTL形式による保存である。保存の仕方はソフトによって若干の違いがあるが、基本的にはファイルメニューで名前をつけて保存をする際にファイル形式としてSTLを指定するか、またはエクスポートメニューからSTL形式を指定して実行するかのいずれかの場合が多い。3Dプリンティング用のユーティリティやプラグインを使う場合もあるが、その場合でも一度STLで保存することに変わりはない。

❶データの品質
　最初に確認したいのは、ソリッドデータの品質に問題がないかどうかである。普通の機械部品をモデリングしている場合には、まず心配する必要はない。しかし無理をして特殊な形状を作っている場合は注意が必要だ。例えば寸法に縛られない自由な形状に多数のフィーチャーを作り込んでいる場合、一見問題ないような形に見えても外部にエクスポートした途端にエラーを多発することがある。何かを変更したとき、履歴の更新に失敗したときなどは要注意だ。

❷すべてがソリッドになっているか（CADの場合）
　ソリッドだけでなくサーフェイスなどを使用してモデリングしたときや、別の3D CADからインポートした形状をベースにモデリングしたときなど、すべての形状がソリッドになっていないことがあるので確認しておく。

❸干渉チェック
　アセンブリモデルを作成したときには、部品同士が干渉していないかどうかを確認する。パーツを個別に出力するのであれば、それぞれのパーツでは問題が起きないが、出力物を組んだときに組み上がらなくなる。また、アセンブリ全体を1個のSTLとして同時出力する場合には、パーツが干渉していれば、出力時に重なり部分ができてしまいこれもエラーの原因になることがある。

❹寸法
　形状のサイズも確認ポイントだ。全体のサイズ感をまず確認する。1パーツで出力を考えているのであれば、自分が使用を想定しているプラットフォーム内に収まるのかどうかを確認する。バウンディングボックスで考え、斜めに配

第2章 3Dデータ作成のポイント

図表 2-17　エクスポート前の 3D データのチェック点

着眼項目	モデリングデータのチェック点
①データの品質	・特殊な形状のものでないか（特殊な形状はエラーがでやすい） ・途中で形状変更したものでないか ・モデリング時に保存に失敗したものでないか
②ソリッドになっているか	・サーフェイスを繋ぎ合わせてソリッドにしたものでないか ・他の 3D CAD からインポートしたデータをベースにモデリングしたものでないか
③干渉チェック	・出力後アセンブリする部品でないか ・部品同士が重なり干渉した状態でないか
④寸法	・プラットフォームに収まるサイズになっているか ・使用する 3D プリンターで造形可能な肉厚以下の薄さになっている部分はないか ・繊細すぎる形状になっていないか
⑤形状の自己干渉	・3D CG を使う場合は、ポリゴンの形状変更の操作時に誤って別のポリゴンに干渉していないか

置しても収まらないのであれば、パーツ分割などを考えなくてはならない。

　部品の肉厚も再確認する。一番肉薄の部分が前述の最低肉厚に達しているかということは事前に確認しておきたい。微細すぎる形状、例えば深さが0.1mmとか0.2mmのエンボスは、出力時にほぼ再現されない。エラーにはならないが、本当に必要な形状なら深さや高さなどを再確認する。

❺形状の自己干渉

　3D CADでモデリングしているときには特に問題にはならないが、3D CGでモデリングをしているときには注意したい。3D CGはポリゴンの頂点で形状を編集するため、局所的な形状の変更がしやすい。実際的な形状になってくるとサブディビジョンで生成される面を見ながら、元のポリゴンの頂点の位置を調整していくが、その際に頂点を動かしすぎて、あるポリゴンが別のポリゴンにめり込んでしまうなどの自己交差（干渉）を起こしてしまうことがある。これも出力時に問題になる。

　どのケースでも共通するチェック項目は、「その形状は物理的に成立するのか？」ということだ。そして、それは本当に作れるのかということだ。

要点　ノート

STLファイルへのエクスポートに際しては、エラーを繰り返すことにならないように、データの整合性に注意する。

2 STLファイル作成のポイント

STLファイルとは何か

　STLファイルとは、元々は米3Dシステムズ社が開発したファイルフォーマットであり、その名前はステレオリソグラフィー（Stereolithography）に由来する。なお、後付けであるがStandard Triangulated Languageの略称とされる場合もある。最近では、3Dプリンター用のファイルフォーマットとして3MFやAMFなど新しいフォーマットが登場しているが、現在でもSTLが最も多用されているフォーマットであるため、ここではSTLについてのみ解説する。

❶ STLはポリゴンデータ

　STLファイルは、基本的には三角形のパッチで構成されたポリゴンデータである。モデリングに使う3D CGも同じくポリゴンデータを用いているため、3D CGで作った形状が、その精度でそのままSTLファイルの中身になると考えてよい（ただし3D CGで三角形のパッチでモデリングしている場合）。四角形のポリゴンでモデリングしている場合には、STLファイルで保存する際に四角形の面はすべて三角形に変換されるが、それ以外に大きな違いはない。

　3D CADのようにNURBSなど数学的に定義された面で構築された形状の場合には、STL変換の際に三角形のパッチに変換されたうえでSTLファイルとして保存される。

❷ STLファイルの中身

　STLファイルの保存方法には、バイナリー形式とアスキー形式がある。基本的にはバイナリー形式の方がファイルサイズが小さくてすみ、またOSの違いによる文字化けの心配もない。しかし通常のPC環境下ではテキストエディターを使って中身を確認することはきない。アスキー形式はその逆のことが特徴となる。STLファイルの中身をテキストエディターで編集するというケースはまず存在しない。したがって、どちらの形式でも保存できるのならバイナリー形式の方が適切であろう。どちらの形式で保存しても書かれている内容は同じである。

　以下に示すのはSTLファイルの内容である。アスキー形式で保存している

図表 2-18　アスキー形式で保存された STL ファイルの中身

```
solid ASCII
  facet normal 0.000000e+00 0.000000e+00 -1.000000e+00   ← 法線の方向
    outer loop
      vertex   3.000000e+02 0.000000e+00 -5.000000e+01  ⎫
      vertex   0.000000e+00 0.000000e+00 -5.000000e+01  ⎬ ポリゴンの頂点の座標
      vertex   3.000000e+02 5.000000e+00 -5.000000e+01  ⎭
    endloop  ←────────────────────────────── 一つのポリゴンの定義終了
  endfacet
  facet normal -0.000000e+00 0.000000e+00 -1.000000e+00
    outer loop
      vertex   3.000000e+02 5.000000e+00 -5.000000e+01
      vertex   0.000000e+00 0.000000e+00 -5.000000e+01
      vertex   0.000000e+00 5.000000e+00 -5.000000e+01
    endloop
  endfacet
  facet normal 1.000000e+00 -0.000000e+00 0.000000e+00
    outer loop
      vertex   3.000000e+02 0.000000e+00 0.000000e+00
      vertex   3.000000e+02 0.000000e+00 -5.000000e+01
      vertex   3.000000e+02 5.000000e+00 0.000000e+00
    endloop
  endfacet
endsolid
```

のであればこのようにテキストデータで中身を確認できる。

図表2-18にその具体的な内容を示しているが、内容は「solid」という単語でスタートして、endsolidということばで終了していることがわかる。次のfacetという言葉から1つ目のポリゴンの記述が始まるが、次のnormalが法線方向を示している。outer loopからendloopの間が三角形の頂点の座標値である。vertexは英語で頂点の意味である。最後のendsolidで一枚のポリゴンの定義が終了する。後はひたすらモデルを構成するポリゴンの数だけこの記述が続く。数枚のポリゴン程度であればテキストエディターで十分に中身を確認できるし、人手でのエラー修正も可能だ。

実際、ここで示したようにSTLファイル内容はいたってシンプルであることがわかる。しかし、現実は数千、数万というポリゴンを扱わなくてはならない。それは実質的には不可能なのでアスキー形式ではファイルを扱う意味は少ない。

STLファイルの修正は、修正の専用ソフトの力を借りることが現実的である。

要点｜ノート

> STLファイルとは、三角形のパッチで構成されたポリゴンデータ。保存形式にはバイナリとアスキー形式があるが、前者が実用的。

2 STLファイル作成のポイント

STLファイルの詳細度はどのように設定するか

　これまでに述べてきたデータ作成のポイントや注意点を踏まえて3Dデータを仕上げることができたら、最後にSTLファイルを出力することになる。

　3D CGの場合には、サブディビジョンモデリング（ポリゴンの三角形パッチをさらに分割していくことで滑らかな曲線を得るモデリング技術）などをしていれば最終的なサブディビジョンのレベルによって、STLも見た目の細かさで出力されるので見た目にもわかりやすい。

　一方、3D CADからSTLファイルを出力させる場合には、パラメーターの定義によって出力される詳細度が変わる。微細な形状や曲面などを正確に出力したいときにはより細かいポリゴンで出力したいが、一方で大規模な形状や、微細な形状のモデルの場合は、データが非常に重くなる。3D CADで制作する場合にはあまりお目にかからないが、フィギュアなどではギガバイト単位のファイルサイズになることもあるので、一概に細かくすればよいものではない。

　図表2-19に示すのは、3D CADによる球と、ポリゴンサイズによる球の表現の違いである。当然、粗いほうがデータは軽くなるが、意匠面で考えれば望ましくない形状になったり、ジョイントなどの締結部であれば嵌合がうまくいかない可能性もある。これらの調整は一般に、STLを保存（エクスポート）する際のオプションで設定ができる。

　図表2-20に示すのはAutodesk Inventor（左）とSOLIDWORKS（右）の例であるが、どのCADでもプリセットとして異なる解像度が用意されている。前者では4段階、後者では2段階で解像度を設定できる。さらに知識があるのであれば、個別のパラメーターを編集して出力するSTLの詳細度を調整することができる。カスタム設定よりもさらに詳細な設定が可能だが、あまりに許容値を厳しい設定にすると非常に多数のポリゴン（ファセット＝三角形パッチ）が生成されることになり、使用中のPCに搭載されているメモリでは足りなくなることもあるので注意が必要だ。現実的には、ある一定以上に過度にポリゴンを増やしても造形精度にはそれほど影響を与えない。

　ソフトに固有な設定もある。例えばInventorでは、モデリング時にボディーや面などに着けた色の情報をSTLで出力することができる。本来、STLは色

図表 2-19 | ポリゴンサイズの設定と形状表現の関係

元の形状

ポリゴン数が少ない

ポリゴン数が多い

図表 2-20 | STL出力のためのパラメーターの設定画面

Autodesk Inventor の設定画面

SOLIDWORKS の設定画面

情報をサポートしていないが、STLの特殊な対応によって可能になっている。ただし、3Dプリンター側も色に対応している必要がある。SOLIDWORKSでは、STLでは色の出力ができないが、AMFや3MFという新しいフォーマットに対応しているため、それらのフォーマットでは色情報のみならず材料情報などもサポートしている。

さらに、基本的なことではあるが単位にも注意を払う必要がある。3Dプリンターセットアップ時にSTLファイルを読み込むとファイルサイズが非常に小さく、よく見ると本来ミリで扱うべきものがインチでエクスポートされていること気づくことがある。STL修正ソフト上でも単位の変換は可能ではあるが、最初から単位にも気をつけておくに越したことがない。

要点 ノート

- STLにエクスポートする際の解像度は造形物の使用目的を考慮して決定する。
- STLのポリゴン数はある一定以上増えると造形精度に影響しにくくなる。

【2】STLファイル作成のポイント

色やテクスチャを出力するには

　製造業で3Dプリンターが使われる場合、一般的にはカラー出力が必要なケースは少ない。特に設計検討時の試作では、形状や強度、嵌合などの検証が重視されることはあっても、色は考慮外のことが多い。そもそもカラー出力できる3Dプリンターが限られていたという事情もある。一方、モックアップとして外観も含めた検証をするときは色が不可欠となる。しかしその場合、正確な色を着色するために表面の仕上げ処理をしたうえで塗装されるのが一般的だ。

　とはいえ、3D CADのエクスポートにおいても色を出力することができるし、また3D CGの場合にも造形と同時にテクスチャをエクスポートする場合もあるので、ここでは簡単にその流れについて述べていく。3D CADを使ってモデルに着色する場合と、3D CGでテクスチャなどを使用する場合とではその流れが異なる。まず、3D CADで色をエクスポートする流れを確認する（図表2-21）。

❶ **3D CADの色情報をエクスポートする**

（ⅰ）**モデルの作成**：形状を完成させるところまでの流れは、通常のソリッドモデリングと同様だ。形状ができあがったら、テクスチャをソリッドモデルのボディー全体か、またはソリッドのフェイスに定義する。マテリアルをソリッドで定義する場合には、自動的にソリッドのテクスチャが割り当てられる。必要なテクスチャを定義したら色を考慮しないときと同様にモデルを保存する。

（ⅱ）**テクスチャ付きのファイルのエクスポート**：テクスチャのエクスポートは、通常のSTLの保存などと変わらない。唯一の違いは、色をエクスポートするか否かチェックを入れるかどうかだ。当然、3D CADが色付きのオプションをサポートしていない場合にはこのオプションは使えない。また3D CADでAMFなどのフォーマットがサポートされている場合は、同様に色のエクスポートをチェックする。

❷ **3D CGの色情報をエクスポートする**

　3D CGで色をエクスポートする場合には、若干手順が異なる。3Dモデルにテクスチャなどを定義するとき、別途画像を用意してUVマッピングによっ

| 図表 2-21 | 3D モデル上にテクスチャを貼り付ける |

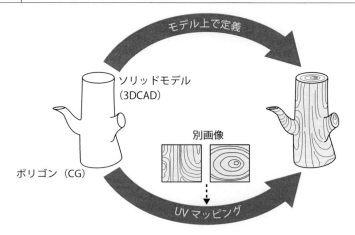

て、モデル上にテクスチャを定義する。

（ⅰ）**モデルの作成**：3Dモデルの作成自体は、テクスチャ使用の有無に関係なく、通常の3Dモデルの作成と同様である。

（ⅱ）**UV展開**：作成された3Dのポリゴンモデルを元にUV展開の作業を行う。フラットに展開されたポリゴンと貼り付けたいテクスチャとをマッピングする。この作業を行うと元の3Dモデルの上に定義されたテクスチャが表示される。ゲームなどで使用される3Dモデルはデータを軽くするために極力粗いポリゴンにしてそのかわりにテクスチャをマッピングして詳細を表現している。

（ⅲ）**テクスチャ付きのファイルのエクスポート**：UVマッピングをした3Dデータの場合にはエクスポートのやり方が若干異なる。一般にファイルの保存形式はSTLではなく、VRML、PLY、あるいはOBJと呼ばれる色情報を保存できるファイル形式になる。また、実際のテクスチャデータをPNGやJPEGなどの画像ファイルが同時に必要となる。

なお3D CADにせよ3D CGにせよ、いくら3Dデータに色情報を持たせることができても、プリンター側が対応できていなければカラー出力できないことは言うまでもない。

> **要点 ノート**
> 3D CADではボディー、面などに色やテクスチャ情報を定義するが、3D CGでは一般に別テクスチャ用の画像を用意して、それをUV展開したポリゴン上に貼り付けるのが普通だ。

2 STLファイル作成のポイント

STLファイルに起こりがちな エラーと修正方法

　3D CADで機械部品をモデリングする場合を考えてみよう。比較的単純なモデルならばSTLファイルのエクスポートでエラーが発生することはまずない。しかし、実際には様々な要因で意図しないモデルが作成され、エクスポート時にエラーが発生することも珍しくない。3D CGでエクスポートする場合にもモデルが複雑になればなるほど、エクスポートしてみるとエラーが発生していることが起こる。STLファイルで発生したエラーは、そのシビアさにもよるがそのままの状態では出力に進むことはできない。そこで、本節では一般的なエラーとその修正について解説したい。

❶STL修正ソフトの入手

　STLファイルにエラーがあった場合、3D CADではどうすることもできない。3D CGでは修正可能だが必ずしも効率的ではない。そこで専用ソフトを用いることが有効となる。クラウドサービスの中には、簡単な修正であれば半ば自動で修正してくれるものもある。ただしTrinckleやScalpteoといったオンラインで注文できる出力サービスでは、アップロードの際に修正を行ってくれるサービスがあるが、これらの修正サービスはあくまでも出力サービスを使用するユーザーのみ使用できるものなので一般的とはいえない。

　基本的には有償ソフトがかなり幅広い範囲でエラーに対応できる。例えばAutodeskのNetfabbは元々別会社が提供していたサービスだが、単純なエラーはもちろん、かなり込み入ったエラーまで様々な修正に対応できる。

❷よくあるエラーとその対処法（図表2-22）

穴があいている状態：穴が空いているということは、何らかの理由で本来塞がっている場所のポリゴンが欠けてしまっている状態である。この場合、穴があいている部分に欠けているポリゴンを作成して塞いでやる必要がある。

ポリゴン間に隙間がある状態：通常、隣り合うポリゴンはすべてエッジを共有していて隙間があることはないが、何らかの理由で隙間が生じてしまっている場合がある。これはボディーに穴があいている状態であり出力ができない。この場合、ポリゴンを縫い合わせるという処理を行って穴を塞ぐ。

ポリゴンの重複がある状態：何らかの理由で、同じ形のポリゴンが同じ場所

図表 2-22 │ よくあるエラーの種類

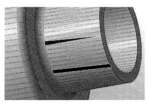
穴があいている

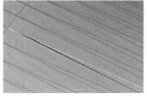
隙間があいている

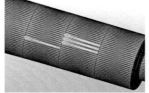
ポリゴンが重なっている

ポリゴンが反転している

シェル（ボディ）が重なっている

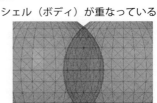

に重なってしまっている場合がある。この場合には、重なっているポリゴンのうちの一つは、どのポリゴンともエッジを共有していないフリーの状態なのでこのポリゴンを削除する。

反転している面がある状態：見た目では形状は完全に閉じているものの、裏と表が反転してしまっているポリゴンがある。この場合には反転したポリゴンの裏表を反転させる処理を行う。

複数のボディーが重なっている状態：これは複数のボディーが干渉して重なっている物理的にはありえない状態である。この場合、ブーリアン処理機能を持つSTL修正ソフトを利用して一つのボディーにするか、または外側の形状に沿ってラッピングを行い一つのボディーにする。

なお、STL修正ソフトでは簡単に直せないものは、データを作成したCADやCGに戻って根本的なところから直したほうがよい。

要点 ノート

STLファイルの修正には、専用ソフトの利用が便利で効率的。簡単に直せないものは元データである3D CADや3D CGに戻って修正する。

【2】 STLファイル作成のポイント

3Dプリンター出力サービスの利用

　3Dプリンターを自社で持っているのであれば、造形に問題が生じても、その場でデータを修正して出力し直すことができる。しかし外部の出力サービスを利用する場合には、はじめからデータをできる限り完璧に整えておく必要がある。そうでないと、見積もり段階で出力サービス業者との間で何度もやり取りが発生してなかなか出力できず、最終的に断念せざるを得ないことすらある。

❶出力サービスを使う場合の一般的な流れ

（ⅰ）STLファイルを作成する

　3Dモデルが作成できたら、STLファイルにエクスポートする。

　3D CADソフトによっては、メニューから直接出力サービス業者に接続してSTLデータを送ることができる機能を持つ。ただしこのサービスの多くは現在米国でのみ実施されているものなので以下では省略する。

（ⅱ）依頼したい出力サービス業者のサイトにアクセスする

　ほとんどの出力サービス業者は、自社のウェブサイトを用意しており、そのウェブサイト経由でセキュアにデータをアップロードできるようになっている。一般的には、サービスを使用する前に当該サイトで会員登録をする必要がある。なお、業者によって保有している3Dプリンターの方式や性能、また対応している材料が様々である。自社の出力の目的に合致しているサービスなのかどうか事前に調査しておく必要がある。

（ⅲ）出力サービス業者とのやりとり

　一般にはデータをアップロードしてから、見積もりが出来上がるまで時間がかかるので少々待つ必要がある。しかしコンシューマー向けサービスの中には、DMM.comなど数分のうちに見積もりが出てくるサービスも出現している。

　製造業の業務用試作に対応した業者でも、数時間のうちにネット経由で見積りを返してくれるサービスが増えている。ただし、この段階の見積りはあくまでも「3D形状」「体積」「出力見込み時間」に基づいた金額ベースの機械的な計算だ（**図表2-23**）。本当に注文しようとしたときに、出力のために詳細な検

| 図表 2-23 | 出力サービス業者とのやり取り |

討の結果、このままでは出力できないという返事をもらうこともある。
　例えば、肉厚が非常に薄い場合などがそうだ。この場合、形状を確認・修正したうえで再度出力依頼のプロセスを繰り返す必要がある。一般に業務用試作に対応しているサービスでは、出力の際のパーツ配置のオリエンテーションも含めて詳しく状況を聞いてくれることもあるので、自社のニーズや優先した条件などを詳しく説明したほうがよい。

❷どんな出力サービスに依頼すべきか
　この質問には正解はないが、一般にコンシューマー向けサービスを利用する場合には、出力価格も比較的安価であり、オーダーのプロセスも手軽だが、納期については明確でないことも多い。また同一パーツを出力しても寸法などの品質にばらつきがあることも多い。一方で元々試作などをやっていた会社が手がける出力サービスでは価格が高めであっても、従来から製造業が求める品質に合わせた仕上げをしてくれることが多いし、3Dプリンターに止まらず切削や射出成形も考えているのなら、そのようなサービスを持つ会社を選ぶのもよいだろう。これらのことを踏まえて依頼先を考えるとよい。

> **要点 ノート**
> 出力サービス業者選定に際しては、業者の所有機材や経験などを考慮したうえで相談のうえ決める。価格だけで決めない。

【 第 **3** 章 】

3Dプリンターによる造形の基本

【1】3Dプリンターによる造形フロー

全方式に共通する造形の注意点

　本節では3Dプリンターによる造形の流れとポイントをより具体的に示していく。なお、本書においては、比較的小規模な企業や個人レベル、あるいは大手企業では部署単位での導入を念頭においている。そのため導入が比較的容易なデスクトップ型の光造形方式およびFDM方式に絞って説明している。それ以外の方式については外部の出力サービスなどを利用する前提である

　出力する形状は同じであっても、使用する3Dプリンターの造形方式が異なれば当然その手順や注意事項は異なる。本項では、方式に関係なく共通して頭に入れておくべき事項を紹介する。

❶作成したデータの品質と妥当性

　前章では、作成した3Dデータをエクスポートする際によく発生するエラーについて述べた。3D CADの標準的な手順で作成されたデータであれば比較的エラーは発生しにくいが、それでも毎回出力前に確認を怠らないことが手戻りのない作業にするうえで重要だ。変換したSTLファイルをチェックするプロセスは必ず出力までの工程の中に組み込んでおくべきである。

　STL修正ソフトによっては、エラーの修正だけでなく、使用する3Dプリンターの造形サイズを考慮した設定が可能なソフトもある。造形物のサイズが大きいときは、プラットフォーム上の設置向きを工夫しなければ収まらないこともあるのでそれらも合わせて確認する。

　ポリゴンのサイズ（STLのパッチのサイズ）も確認しておきたい。3D CADからのエクスポート時にはポリゴンサイズをあまり意識することはないが、前章で述べたようにSTLの粗密によって特に曲面の形状表現の精度が変わってくる。造形物の使用目的に沿った妥当な精度になるようSTLの粗密を調整する。

　妥当性のもう一つは、出力する形状のサイズである。基本的にはどの方式の3Dプリンターを使おうとも、高さ・深さ・奥行などが1mm以下の小さな形状は、出力ができたとしても形状がしっかりと再現されないことも多い。そのような微細な形状表現が必要な場合は、少なくとも光造形方式を用いるなどの配慮が必要である。肉厚の考慮も重要だ。1mm以下となるような形状は、仮に出力ができたとしても強度に問題があることが多い。出力サービスに依頼する場

図表 3-1 出力時の配置や向きが精度や滑らかさに影響を与える

極端な例だが左は少しわかりつらいが潰れて楕円になっている。
真上を向いていた出力された穴はほぼ真円になっている

左の垂直面に対して、右のような緩やかな傾斜や曲面ほど積層の段差が目立ちやすい

合にも、一定の肉厚以下の出力は断られる。データを作ってしまってからの手戻りは、時間的なロスも大きいので必ず事前に確認しておく。

❷出力のオリエンテーション

出力する造形物のどの位置にどのような向きでどんなアイテムを配置するかで仕上がりが大きく左右される。例えば比較的安価なデスクトップ型では、「丸い断面を持つ形状」を出力する際に、穴が横にあいた向きで出力するのか、縦にあいた向き出力するのかで、穴の寸法精度に大きな影響がでる場合もある。横にあいた穴は歪みやすく精度が悪くなる可能性が高い（サポートの使い方などで必ずそうなるとは限らないが）。またアイテムを造形物の中央に配置して出力する場合と、端やコーナーで出力する場合とでは寸法精度に微妙な違いが発生する。もちろんアイテムの物理的な配置場所は、サポートの位置にも大きな影響があり、これも寸法精度や表面品質に影響を与える。

さらに寸法精度とは別に造形物の平面の滑らかさにも配慮が必要だ。出力の際、その平面が垂直の状態で出力されるのか、水平なのか、あるいは斜めなのかによって表面性状が異なる。斜め時がいちばん滑らかに仕上がるのである。これらのノウハウは、本章で説明する光造形とFDMに共通して重要なポイントである。

要点 ノート

3Dプリンターによる形状再現性を考慮しながら必要なサイズ・品質となるようデータを仕上げる。造形物上のアイテムの配置位置や、出力時の向きで品質に大きな影響がでる。

1　3Dプリンターによる造形フロー

光造形方式での造形フロー（1）：
データのセットアップ

　3Dプリンターによる造形は、実際の出力と出力後のサポートの除去以前のすべての作業はソフトウェア上の作業となる。以下では、光造形方式での出力前のデータのセットアップまでの手順をそれぞれのポイントと併せて解説したい。説明ではForm2という特定の3Dプリンターを例にはしているが、基本的にはどの光造形方式にもあてはまる手順と考えてよい。またプリンター固有の初期設定の仕方についてはここでは説明を割愛する。

❶ソフトの起動とデータのインポート

　通常、商用の3Dプリンターでは、その機種固有のセットアップ用ソフトが用意されているので、あらかじめそれを3Dプリンターをつなぐ PCにインストールしておく。なおPCがインターネットに接続されている場合には、必ず3Dプリンターを使用前にソフトを更新しておく。他のオフィス向けソフトと同様、ソフトを立ち上げてメニューからプルダウンで簡単に更新を実行することができるようになっているものが多い。特にしばらく使用していなかった場合には、最新版が配信されている可能性が高いので注意が必要だ。

　セットアップ用ソフト起動時には、使用する樹脂の種類などを確認する画面が出てくるので内容を確認し、必要に応じて設定を行う。Form2の場合には、レイヤーの厚みなども定義できるが、これは後でも変更が可能だ。

　起動時の設定が済んだら、次に目的の3Dデータのファイルを開く。一般に3Dプリンターのセットアップ用ソフトでは、ソフト固有のファイル形式やSTLに加えてOBJファイルが読み込めることが多い。現時点では、AMFなどの新しいファイルはまだ使用できない機種も多い（2018年10月現在）。

❷モデルの配置とオリエンテーション

　モデルの大きさによっては読み込んだときに3Dプリンターのワークサイズをはみ出してしまうこともあるが、向きの修正することで収めていく。モデリング時にワークサイズを考慮に入れてあるのであれば問題はないはずだ。なお、CADでモデリングをしていたときの状態とモデルが90度横倒しになって読み込まれていることがあるが、これは座標系のZの向きのとり方の違いなので特に心配する必要はない。

図表 3-2 パーツの配置とオリエンテーション

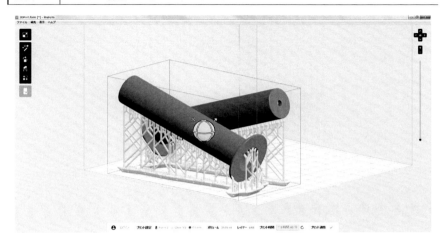

　どのように配置してよいのかがわからない場合には、レイアウトからサポートの設定までソフトに任せる自動での配置を試みるとよい。通常、光造形の場合には斜めにオリエンテーションを取ることが良い結果を生むことが多いので、自動で配置する場合にはそのように向きが変わるはずだ。位置に関しては、デフォルトでの設定を使用してもよいし、自分の判断で場所や向きを変えてももちろん構わない。

　小さい部品で、複数個使用する場合には同時に複数のパーツをプリントすると効率がよい。その場合、再度モデルをインポートしてもよいが、レイアウトツールなどで複製するのが早い。なお複製してパーツを配置しなおした場合、それぞれの位置関係が必ずしも適正であるとは限らないので、レイアウトを自動でやり直した後に、マニュアルでそれぞれのパーツの位置を微調整していくなどの作業も必要だ。

　もちろんオリエンテーションも自分で変えられる。例えば一度出力して結果が思わしくないなどの場合には、マニュアルで位置だけでなく角度を変えてみるなどのことも必要だ。

> **要点 ノート**
> セットアップ用ソフトによる出力の配置やオリエンテーション（プリント方向の設定）を設定する。自動でも可能だが、慣れてきてノウハウが貯ったらさらによい結果のためにマニュアルで対応も可能だ。

【1】 3Dプリンターによる造形フロー

光造形方式での造形フロー（2）：
サポートの作成

　3Dデータのインポートと配置が完了したら、次に行うのがサポートの作成である。部品の配置からサポートの作成は一方通行の流れではなく、サポートの作成状況を確認したのち、さらに改良するために配置やオリエンテーションを修正し、再度サポートを作成し直すことはよくある流れだ。

❶自動でのサポートの作成

　光造形におけるサポートは、柱状の細いサポートがオーバーハングする部分に生成される。生成されるサポートがパーツのどの位置に付くのか、サポートの密度はどのくらいか、あるいはサポートが付く部分のポイントサイズなど様々なパラメータがあり、その設定次第で造形するパーツの品質も変わってくる。甚だしい場合には本来出力されるべき場所のパーツ形状が正常に生成されていないなどのこともありえる。また、一般にサポートはプラットフォーム上に直接作成されるのではなく、ある厚みを持つベースが先に作成されて、その上からサポートが作成されるが、そのベースの肉厚などの定義も必要だ。

　これらのパラメータは手動でも設定が可能だが、それにはパラメータの値が意味合いとともに、設定の結果としてどのような造形ができるのかをよく理解しておく必要がある。パラメータの設定次第では、造形がうまくいかずに造形途中で落下するなどのエラーが生じることもある。

❷サポートのプレビューの確認とパラメータの調整

　セットアップ用ソフトによって自動的に作成されるサポートは、普通はこれを信じて使用すれば、まず問題なく造形ができるはずである。むしろ慣れないうちにパラメータをあれこれいじることは造形不良につながる可能性が高い。Form2を例に取ると編集できるパラメータは以下のとおりである。

密度

　サポートとして立てる柱の密度である。数値をデフォルトよりも小さくすればより疎になり、大きくすれば密になる。密のほうがサポート不足による造形不良は起きにくくなるが、その一方でサポートの除去やサポート痕を消すための仕上げには手間がかかる。一定以上にしても品質は変わらないので極端に密にする必要はない。

図表 3-3 | サポートの密度と位置を変更

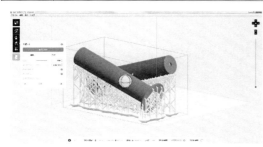

前節のモデルのサポートの密度から 50%増しで設定したケース

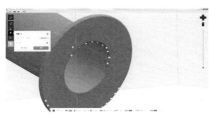

サポートの設置位置を編集
（当初のモデルから）

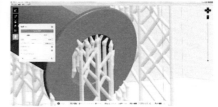

設定した位置でサポートを再作成

ポイントサイズ

　サポート作成におけるもうひとつの大事なパラメータが、ポイントサイズである。ポイントサイズは、サポートの柱がパーツに設置する部分のサイズである。これもサイズが小さいほど接地面積も小さくなるので、サポートがある部分の面の仕上がりもきれいになるが、一方でそのサイズが適切でなければサポートが部品を支えきれずに落下する、あるいはその他の造形不良の原因にもなりえる。この数値については、特に理由がない限りにおいてはデフォルトで生成されたものをそのまま使用するのがよいであろう。

　ポイントサイズに関連して、前述の密度とともに調整できるパラメータがある。それがポイントの位置だ。例えばどうしても気になる接地ポイントがあるのであれば、密度を全体として変化させるのではなく、既に存在しているポイントの位置を移動したり、あるいは追加で気になる位置にポイント作成する、あるいは大丈夫と確信のある場所のポイントは削除するなどの調整を行う方がよい。

> **要点 ノート**
> サポートの設定は、パラメータを細かくカスタマイズすることで品質が上がることがあるが、不慣れなうちはデフォルトのままで使用するほうが無難である。

1　3Dプリンターによる造形フロー

光造形方式での造形フロー（3）：
造形における注意点

　光造形方式の3Dプリンターに限らず、3Dプリンターは一度造形が開始されたら終了するまで、人間は何ら造形に関与することができない。せいぜい造形不良に気づいてプリンターを停止するくらいである。そのため造形が開始されるのを見届けたら、あとはプリンターにまかせて作業者は他の仕事に向かうのが普通だ。造形中は定期的に状況をモニターし、必要に応じて作業を止めるなどの判断をすればよい。

❶材料の確認
　造形を開始する前に確認しておくべきことはいくつかあるが、一つは材料の供給状況の確認である。Form2の場合、ソフトウェアが連携して常に造形を監視している。例えば材料カートリッジと材料タンクの不整合といった不具合も、ソフト上でも監視しており、問題があればすぐに画面上で注意を促されるため大きなトラブルに発展しにくい。ただし、取り付け済みのタンクやカートリッジ、さらに材料の残量についても注意を払いたい。一つのカートリッジを使い続けていれば、残量の見当はつきやすいが、異なる材料を使うために頻繁にカートリッジを取り替えているときなど混乱することもある。材量が少なくなってきたらあらかじめ材料カートリッジを追加購入しておくことも重要だ。

❷造形のためのプラットフォーム
　造形時に作業者がプラットフォームに対してできることはない。ただし、造形前にはプラットフォームがクリーンな状態になっているかどうかの確認をしておきたい。また、Form2もそうであるが、光造形方式ではプラットフォームが消耗品である場合も多いので定期的に新しいものに交換することも望まれる。

❸造形作業のモニター
　エラーが出ないよう出力準備の整ったデータを3Dプリンターに送信して出力を開始する。なお以下はプリンターの水平出しなどを含めてハードウェア側の初期設定は済んでいるという前提である。データを送信しても造形はすぐには開始されない。材料樹脂を適切に昇温させた後に造形が開始されるので、実際に開始されるまでにタイムラグが存在する。
　なお、メーカーが提供する標準の材料ではなく、サードパーティー製の材料

第3章 3Dプリンターによる造形の基本

図表 3-5 | 材料の残量に注意する（Form2（Form labs 社）の場合）

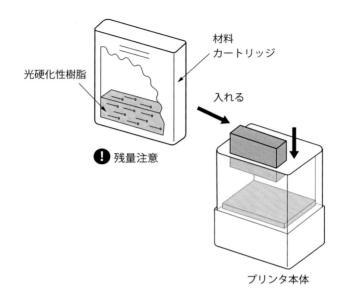

を使用する場合は、作業者自身が適切な条件を探しながら使用することになる。

通常、出力開始からしばらくの間は造形の様子を注視しておく方がよい。造形開始直後は、ベースをプラットフォームに貼り付けるプロセスになる。このベースができてから実際のパーツやサポートが形成されていくわけだが、まずこの段階で上手くいっていないとその後のパーツの造形中の落下などにもつながる。ちなみに落下してしまうと、その後に造形不良パーツのリカバリーなど面倒な作業をしなければならなくなる。

また、材料タンク内の材料の量が適正であるかなども定期的に確認しておきたい。特に1時間くらいで終了する造形であれば問題がないが、例えば10時間以上などと造形時間が長時間にわたる場合には、不良の早期発見のためにも随時、造形の様子を確認したい。

光造形方式の3Dプリンターの場合には、材料として液状樹脂を使っているだけに材料がこぼれたときなどの後始末も手間がかかるので、そのような状況にならないように、出力中はできれば人が近くにいることが望ましい。

要点 ノート

3Dプリンターによる造形は基本的には機械任せである。ただし造形時のトラブルに素早く対応するためには、随時作業者による監視が有効だ。

1 3Dプリンターによる造形フロー

光造形方式での造形フロー（4）：
造形終了時の操作と後処理の準備

　本章で例として紹介している光造形機「Form2」では、セットアップ用ソフト「PreForm」、「Form2本体」、「Formlabs社のシステム」がネットワークを介してつながっている。このため造形中にどこまで造形が進んでいるのか、また造形に異常がないかをネットワーク越しに外出時でも確認することができる。ただし、途中で造形物が落下しているなどの場合には、そのようなエラーを掴みきれないので、造形途中に作業者自身によって目視で確認したい。
　造形が終了した通知や目視で終了を確認できたら、造形物を取り出す。

❶取り出す前の準備について

　光造形では、終了後に出力物を取り出す前にいくつかの準備が必要だ。一つは工具類である。造形後にサポートの除去やベースの除去などには、ニッパーやカッター、彫刻刀などの刃物が必要なので、大小サイズを変えていくつか用意しておく。また、プラットフォームから造形物を剥がすためのスクレーパーは最初に使用するものなので用意する。一時的に造形物を置く台なども必要だ。特に、取り出した直後は樹脂にまみれているので、それらを一時的に置いても大丈夫なようにしておく。

　もうひとつ光造形の際に必要なのは、ビニールの手袋だ。一般的に光造形に使用する液状の樹脂材料は、基本的に有害なものが多く、直接皮膚に触れることは望ましくない。人によっては手が荒れたりすることもあるので注意する。Form2などでは購入する際に使い捨てのものが付属しているが、頻繁に使用する場合には、たくさん消費する消耗品なので十分な数だけ用意しておく。

　また光造形方式では造形物の洗浄にアルコールを使用する。出力直後のパーツは、原材料である未硬化の液状樹脂にまみれている。アルコールはこれを洗浄するために必要になる。一般的に使用するアルコールは純度100%のIPA（イソプロピルアルコール、またはイソプロパノール）である。エチルアルコールを使用することも可能ではあるが、税金などの関係で価格が高いので、IPAがよく使われる。洗浄には、かなりの量が必要となるので4リットル程度の大型のボトルで購入しておくのが良い。IPAは薬局などで手に入る場合もあるが、置いているところは多くないのでネットのほうが入手しやすい。使用に

| 図表 3-6 | 造形物取り出しの 7 つ道具 |

あたっては、出力後パーツをすぐに洗浄できるようにあらかじめ容器に入れておく。なお、IPAは揮発性が高く独特の臭気があるので、洗浄時は換気をよくしておく必要がある。以上で概ね取り出しの準備は完了だ。

❷出力後のパーツの取り出し

Form2における出力後のパーツの取り出しは、特別に難しい作業ではない。プラットフォームを固定しているレバーを上げたら、プラットフォームをスライドさせて取り外し、別の場所に移動させるためのハンドルに取り付ける。移動の際にはできるだけ未硬化の樹脂がたれないようにする。一時的に造形物を置く台の上で、スクレーパーを使ってパーツをプラットフォームがから剥がす。場合によっては非常に強く張り付いているので、勢いでパーツを飛ばさないように、少しずつ剥がしていく。

プラットフォームからパーツを剥離できたら、次は洗浄などの後処理のプロセスに入る。

> 要点 ノート
> 光造形では、出力直後の造形物は未硬化の液状材料などにまみれている状態。汚れることを前提で造形物を取り出す準備をしておく。

1　3Dプリンターによる造形フロー

光造形方式での造形フロー（5）：
造形物取り出し後の後処理

　造形物を取り出し、プラットフォームから外した後にやるべき後処理の作業が2つある。アルコールによるパーツの洗浄と二次硬化の作業である。アルコールは前述したIPA（イソプロピルアルコール）を使用する。Form2の場合には、洗浄槽が付属しているので、それを使用するのがよい。二次硬化は必ずしも必須の作業ではないが、IPAによる洗浄は必須である。

❶イソプロピルアルコール（IPA）によるパーツの洗浄
　Form2に標準で付属している洗浄槽は、最大の出力サイズで造形したパーツをプラットフォームから外した状態で入れるとちょうど一杯になる大きさである。同じ洗浄槽が2つ用意されている。もちろん標準の洗浄槽を使わなくければならないわけではなく、パーツが余裕を持って入るもので、かつパーツ全体が完全に浸かる容器であれば問題はない。自前で用意する場合は、蓋が閉められるようになっている容器が望ましく、これを2つ用意しておいたほうがよい。

　手袋をつけてプラットフォームから剥がしたパーツを洗浄槽中のIPAに完全に沈める。このとき、パーツ全体が完全に液中に沈むように十分な量のIPAを用意する。なお洗浄槽には洗浄用トレイが付属しているので、取っ手のついた網状のトレイに汚れたパーツを載せて揺すり洗いをする。

　未硬化の樹脂を洗い落とすように30秒ほど揺すったのち、パーツをIPAに完全に沈めた状態で蓋を閉めて放置する。洗浄槽中での放置時間は使用する樹脂によっても異なるが、Form2標準の樹脂を使用する場合は10分程度だ。いずれにしても樹脂によって洗浄時間は異なるので必ずそれぞれの説明書の指示に従う。樹脂によってはこの時間を守らないと強度に影響が出ることがあるので注意する。約10分後、トレイを元の洗浄槽から隣の洗浄槽に移す。そこでもIPAの中で30秒程度揺すったのち、再び沈めて10分ほど放置する。

　2回にわたる洗浄が終わったら、パーツを取り出して作業台の上に配置する。この段階で未硬化の樹脂はほぼ完全に表面から落ちているはずだ。ただし、IPAがパーツの表面についているので紙ナプキンなどを使用して丁寧にIPAを拭き取る。以上で洗浄作業は終了だ。ここまでの作業は必ず手袋をつけたまま行う必要がある。

図表 3-7 | 十分な量の IPA で二度洗浄する

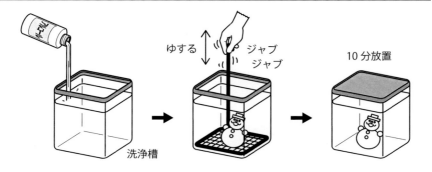

❷二次硬化

図表 3-8 | ネイルドライヤーを利用した自作の二次硬化装置

プリンター本体のレーザー照射によって、造形物はきちんと硬化はされているはずなので基本的には壊れる心配はない。Form2標準の樹脂を使用しているのであれば、そのまま次の仕上げ工程に進んでも構わない。しかし、高強度の樹脂やフレキシブル樹脂、耐熱性樹脂を使用している場合には、二次硬化をしなければ本来の性能が発揮できないことが多い。二次硬化は、紫外線ランプ下に30分程度パーツを置いて紫外線を照射することで可能だ。Form2では専用の二次硬化装置を販売しているが、ネイルドライヤーを活用して自作することも可能だ。**図表3-8**は筆者が市販のネイルドライヤーとダンボール、アルミホイルを用いて作成したものだが、自作でも十分な性能を発揮している。使用するネイルドライヤーは、紫外線ランプでもLEDでもどちらでも可能だができるだけ大きなワット数があることと、もう一つは紫外線の波長を3Dプリンターと揃えることが重要だ。

> **要点 ノート**
> 造形後、十分な量のアルコールを使って未硬化の樹脂を完全に洗浄する。樹脂によっては出力後の二次硬化が必要。

1　3Dプリンターによる造形フロー

光造形方式での造形フロー（6）：
サポートの除去と表面の仕上げ

　洗浄や二次硬化などの後処理が終了したら、最後にサポートの除去と表面の仕上げを行う。サポートの除去はどの3Dプリンターにも共通する作業だが、表面の仕上げは特に光造形にとってたいへん重要な意味を持つ作業だ。パーツ表面を十分に滑らかに造形したつもりでも、サポートが作成された場所にはサポート痕がはっきりとした形で残るので、それらを丁寧に磨かないと滑らかな面にならない。丁寧な作業が光造形の特徴を活かすことになる。

❶サポートの除去

　光造形で作成したパーツは、ニッパーさえあればほぼ問題なくサポートを除去できる。ただし、ニッパーは比較的サイズの大きなニッパー（大）と、小さなニッパー（小）の2種類はあったほうがよい。サイズ違いのニッパーは、特に大きな造形物を出力したときに便利だ。ニッパー（大）でざっくりとサポートをパーツから切り離してしまう。その後パーツの表面からサポートのバリを除去していくときにはニッパー（小）を使用して丁寧に切り離す。

　具体的な手順としては、まずサポートの先についているベースを切り離す。最初にベースを除去するのは理由がある。例えば大きなパーツで奥にまでサポートの柱が入り込んでいる場合、ニッパーがなかなか入らず苦労することがある。こうしたとき、まずベースを切り離してしまえば、そこからニッパーを入れてサポート切っていくことができるからだ。なお、ベースは肉厚があるのでニッパー（大）でないと切ることが難しい。

　ベースを切り離したら、サポートはニッパー（大）でざっくりと切り離していく。なお、切り離した細い柱が、飛び散るので、この作業の際には安全のために防護用のメガネやゴーグルをかけて目を保護することが望ましい。

　最後にパーツ表面に残ったサポートのバリをニッパー（小）で除去していく。できるだけ表面に近いところで切り離したほうが、そのあとの表面の仕上げがやりやすい。シャープなエッジ部分や微細な形状付近についたサポートを切り離すときには、元の形状を間違って切ってしまったりしないように注意する。通常は、そのような場所にサポートがつかないようにすることが望ましいが、造形の都合上どうしてもサポートが必要になる場合があるので、除去のと

第3章 3Dプリンターによる造形の基本

図表 3-9 | 大小のニッパーや、紙やすりの番手を使い分ける

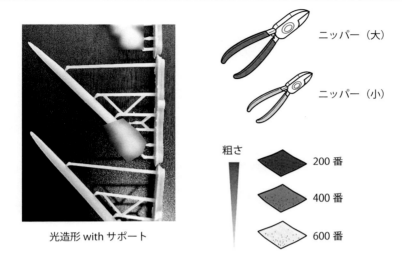

光造形 with サポート

きに注意する。サポートの除去作業は以上である。

❷表面の仕上げ

サポートを切り離したままの状態だと、まだ表面は非常に細かい突起が出ている状態であるので、これを磨いて除去し、表面を滑らかにする。まず、できる限り部品に近いところでサポートをカットしてサポート痕を小さくする。一番小さなニッパーなどを使ってできるかぎり切り取っていく。

これ以上、ニッパーでは処理できない状況になったら紙ヤスリなどを使用して表面を磨く。基本的には番手の小さな紙ヤスリ（粗い）、例えば200番程度から始めて、400番、600番と細かくしていく。ニッパーで取り切れなかった突起は番手の小さな紙ヤスリで大体除去できる。ただし、このままだと表面が荒れてしまうので、徐々に細かい番手の紙ヤスリに切り替えていくことで表面が滑らかになる。

なお、細長い筒の内側についたサポートを除去し、そのあとのサポート痕を磨くのは手がはいらないので難しい。そのような形状の部位を磨くために細長い棒の先端に紙ヤスリをつけるなどの道具を自作するのがよい。

> **要点 ノート**
> 表面の滑らかさは光造形のウリなので丁寧に仕上げていく。サポートの除去には大小のニッパーを、サポート痕の除去には番手の違う紙ヤスリを使い分ける。

1　3Dプリンターによる造形フロー

FDM方式での造形フロー（1）:
データのセットアップ

　デスクトップ型3Dプリンターのうち最も普及が進んでいるのはFDM方式（熱溶解積層法）のプリンターである。以下では前項までの光造形方式に続いて、FDM方式による出力の各ステップについて説明していく。なお商用のFDM機を購入した際にはそれぞれ同梱されている専用ソフトによって、またオープンソースのソフトを使用する場合にもそれぞれの見た目のユーザーインターフェイスはもとより、操作方法にも違いが出てくるので留意されたい。ただし、FDMであれば機種を問わず必要なステップは共通しているため、それぞれのステップで何を設定しなければならないのかを理解できれば迷うことはないはずだ。以下では、Zortrax M200というデスクトップ型プリンターを例にとって説明する。

❶ソフトの起動とデータのインポート

　ソフトの役割は、光造形の場合とほぼ共通と考えてよい。Zortraxの場合には、Z-Suiteと呼ばれる専用ソフトが用意されており、Zortraxシリーズのすべての機種で使用できる。また商用のFDM機の場合には、ソフトが頻繁に更新され、過去の問題が修正されるだけでなく、新機能なども追加されるため最新版を使用したほうがよい。

　ソフトを起動したらファイルを読み込む。ここで読み込むファイルは基本的にはSTLファイルだが、機種によっては異なるファイル形式を読み込むことも可能だ。例えばZortraxの場合には、OBJ、3MF、DXFというファイル形式も読み込める。OBJと3MFについては、第2章でも紹介したファイル形式だが、DXFは異なるCAD間のデータ交換用として用いられているファイルフォーマットだ。一般的には、2D CADの図面の交換に使用されることが多いが、3D DXFの場合には3次元の形状を扱うケースもある。

❷モデルの配置とオリエンテーション

　モデル配置のルールも基本的には光造形の際と変わらない。ソフト上で配置する空間は、選択した3Dプリンターで出力できる大きさなので、その中に収まっているかどうかの確認を行う。3D CADで作成した場合には、Z方向が手前だが、通常3Dプリンターに付属するソフトではZ方向を上にとっているの

図表 3-10 | FDM方式の出力物に見られる段差

頭頂や頭部の後ろのなだらかな角度の面では積層間隔が大きく段差が目立ず

垂直方向には比較的積層の目が細かい

で、パーツのモデルは横倒しになって表示されることが多い。ただし、そもそもプラットフォーム上のモデルの位置や向きは、出力品質やサポート構造を考慮して調整・変更するのが普通なのでここでは大きな問題ではない。

　同一データを複数出力するのであればこの画面上で設定しておく。単品でも複数でも基本的には中央に配置をしたほうがよいことが多い。プラットフォーム自体はキャリブレート（校正）されてレベル（水平）になっているはずだが、実際には端が微妙にたわんでいることもある。

　パーツの向きもFDMでは重要なポイントだ。FDMは光造形以上にレイヤー（積層）の段差がはっきりと確認でき、あまりきれいな面にならない。緩やかな傾斜に非常にステップ幅の大きな階段があるようなものだ。特に緩やかな傾斜では、段差が目立ってしまう。垂直面では縞模様ははっきりするものの、比較的きれいな面になる。また完全な平面でも最上面は塗りつぶされるため比較的きれいな面になる。逆に下向きの平面では、レイヤーの段差こそ目立たないものの底の面はラフト（p.103）に直接張り付くので、接着面が大きいとラフトがうまく剥がれずに面が荒れるなどのことがあるので注意する。

> **要点｜ノート**
> FDMは光造形よりも仕上がりに積層の痕（段差）が目立つ。緩やかな傾斜ほど段差が目立つので特に意匠面など品質が気になる面の向きには注意が必要だ。

1　3Dプリンターによる造形フロー

FDM方式での造形フロー（2）：
サポートの作成とパーツ造形の設定

　光造形でのそれと同様、専用ソフト上でのモデルの配置とオリエンテーションに際しては試行錯誤を強いられることもある。サポートを付けるベストの場所がはっきりしないときなどだ。例えば**図表3-11**のケースでは基本的には、横向きにして高さを抑えるよりも、ツバがついた場所を下にして配置することが望ましい。サポートの除去のしやすさはツバが上でも下でもさして変わらないが、安価なFDM機で発生しがちなプラットフォームからの剥離による歪みをサポートで吸収できる。ただし、丸い面にサポートがついて荒れる可能性はある。横向きでも同様で、やはり中に詰め物が入った状態になり、さらに円筒の断面が正確に円を保てず、ゆがんだ形状になる可能性もある。なお、Z-Suiteの場合には、モデルの肉厚が薄すぎないかどうかも確認が可能なのでサポート作成前に確認しておく。

❶サポートの作成
角度：垂直な面にはサポートが必要なく、水平なオーバーハングにはサポートが必要なことは言うまでもないだろう。しかし中間の斜めの面はかならずしも明快な答えはない。一般的には水平から30度あるいは20度以下の角度であればサポートが必要とされている。それ以下でサポートがないと樹脂が前のレイヤーにはりつかず垂れ下がってしまうからだ。通常はデフォルトのまま出力し、品質が悪ければ再度設定を変えて出し直す。

材料：サポートは自動で作成することが可能だが、そのためのパラメータの設定には注意を払いたい。材料の選択については自分が使用するものを適切に選びたい。一般的なプリンターのセッティングにおいてよくある選択が、ABSかPLAかの設定だ。特にこのケースの場合にはノズルの温度設定をはじめとして設定がかなり変わる。誤った設定は、出力の失敗につながるので注意する。

サポートの構造：Zortraxの場合には外周部にサポートを作成しないことで、サポートをより剥がしやすくするオプションもある。プリンターによって、サポート機構にオプションがある場合には、それらの使用も検討する。サポートを剥がしやすくなるので、パーツの構造やデリケートさも考えて設定してみる。

図表 3-11	ツバの付いた円筒形状の配置

❷パーツ構造の設定

層の厚み：最も重要なパラメータの一つである。一般的には0.2mm程度がデフォルトだ。品質とスピードのバランスがちょうどよいからだ。ただし、より微細な形状や滑らかな表面を出力したい場合にはさらに小さくする。ただし、どこまで小さくしても、平均的なノズル径が0.4mmであることや、光造形と比較して積層ピッチも粗いため、FDMではどうしても微細な造形には限界があることは理解する必要がある。

中身の密度：機種を問わずFDMでは塊のような形状でも中身の密度を指定して中空にすることができるという特徴がある。完全なソリッドから肉抜きをしたシェル形状まで、そしてその中間のある程度中身を詰めた形状も造形可能だ。この中間の形状としてメッシュやハニカムなどが選べる。強度がそれほど求められないのであれば、造形のスピードと材料の使用量にも大きな影響を与えるのでここもバランスよく設定をする必要がある。

シーム：シーム（つなぎ目）が設定できる場合にはノーマルかランダムかが選べる場合がある。例えばZortraxの場合では、ノーマルでは同じ断面ならヘッドが入る位置が同じなのでその位置が筋のように見えることがある。気になる場合にはランダムなどの設定も可能だ。

> **要点 ノート**
>
> ソフト上での配置とオリエンテーションはサポート位置との兼ね合いで多少の試行錯誤を要することがある。FDMは肉抜き構造の造形が比較的容易。強度や使用目的に配慮して積極的に活用しよう。

1　3Dプリンターによる造形フロー

FDM方式での造形フロー（3）：
造形における注意点

　FDM方式には、業務用の大型ハイエンド機から組立キットで自作するデスクトップ機まで様々なグレードがあり、出力品質にもばらつきがあるため造形上の注意点をひと括りで述べるのは難しい。本項では業務用途にも使えるデスクトップ機に絞り、特に品質に大きな影響があるパーツのオリエンテーションを中心に述べる。配置も重要なポイントだが前節を参考にしていただきたい。

❶形状の正確さを意識した造形
　円柱や円錐など断面が円となる形状を思い浮かべてほしい。形状の正確さは、XY平面上では再現しやすいが、XZ平面やYZ平面など高さ方向に断面がくるとゆがみやすい。丸いボスやボス穴ではその違いではまらなくなることがある。できる限り精度が出やすい向きにパーツを配置してやる必要がある。

❷尖った形状の出力
　FDMではハイエンド機であっても苦手な形状がある。その典型的な形状が細く尖った形状だ。具体的には飛行機の翼のように全体的には薄く、かつ端に向かって細くなっている形状だ。ヘッドが動くパスにもよるが、
　一般的に、長い形状は寝かせて高さを抑えて造形したほうが、出力に掛かる時間が短くメリットがある。しかし、翼のような先端が尖った形状では寝かせるデメリットのほうが大きい。尖った形状が再現できないからだ。翼の後ろ側は徐々に薄くなり最終的にはゼロになる尖った形状。翼を寝かせて出力すると、**図表3-12**に示すように後端は樹脂の繊維がほとんどない状態になるので、出力できたとしても荒れたり、樹脂の繊維が一本だけになり、隣接するレイヤーに接着できずに洋服のほつれた糸のようになってしまう。このような形状の場合、翼を長さ方向に立てたほうが、形状的にはしっかりと出力できる。

❸強度を考えた積層方向
　片持ち梁の出力を考えてみよう。梁に力が掛からない前提であるならどのような向きで出力しても構わない。しかし力がかかる部品であれば出力の方向を意識したい。基本的には繊維方向には曲げや引張りの力がかかっても強度を保つことができるが、積層方向に曲げや引張りが働くと積層間に剥離が起きて壊れてしまいやすい。そのような向きにならないように向きを考える。

図表 3-12 繊維がほつれたようになった翼の後端

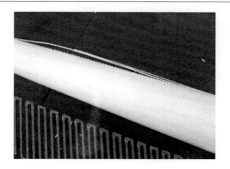

図表 3-13 スナップフィットを持つパーツの分割例

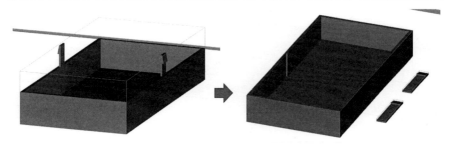

スナップフィットを分割して、出力後に接着する

❹形状と強度の両立

パーツによっては、「精度」「時間」「強度」の3つの要素のバランスが取りづらい形状がある。例えば**図表3-13**のようなスナップフィットを持つパーツだ。一体で出力すると爪が折れてしまう可能性があるので、あえて爪だけを別に出力して後で接着する方が強度がでることもあるので検討したい。

❺温度管理

FDMでは温度管理が重要となる。一般的なデスクトップ機は室温で出力するが、冬季には出力後のひずみでパーツにゆがみが生じる。最近では部屋内の空気が直接触れないようカバーされたプリンターが増えてきた。部屋の温度は出力後のパーツの精度に大きな影響があるので下がりすぎないよう注意が必要だ。

> **要点 ノート**
> FDMは尖った形状の再現が苦手なため、時間が掛かっても尖った形状を立てた状態で出力する。3Dプリンターを使う部屋の温度は下げすぎないよう注意する。

1 3Dプリンターによる造形フロー

FDM方式での造形フロー（4）：
造形途中と取り出し時の注意点

　FDM方式では固体である材料を、いったん高温で溶解させたうえで形を作り、冷却させて安定させる。キーとなるのは「熱」だ。この熱が造形の不安定さや造形後のパーツの意図しない変形を引き起こす要因の一つでもある。

❶ゆがみと剥離による造形不良への対応

　ストラタシス社製以外のFDM方式3Dプリンターの多くは造形部が密閉されておらず、室内の空気に晒された状態で出力を行う。材料にABSを使用する場合、フィラメント状のABS材料をプリンターヘッドで240～260℃に昇温し溶かしながら吐出していく。吐出された樹脂はプラットフォーム上で冷えて再び固体に戻り、その上に次のレイヤーを積層していく。これを繰り返す。

　材料は冷却とともに収縮するため、造形途中にパーツの端が剥離し、そのまま大きくゆがんだまま造形を続けてしまうことも珍しくない。さらに酷い場合には、パーツそのものがプラットフォームから剥離してしまうことがある。作業者が3Dプリンターから目を離していると、こうした状況に気づかずプリンターだけが動作している状況を続けてしまう。結果、出力は失敗し、プラスティックでできたスパゲッティの塊のようなものができあがる。このような事態にならないよう、定期的に状況を確認し、問題があれば即座に止めるよう準備をしておく。なお剥離の問題は、パーツとプラットフォームだけでなく、パーツとサポートの間でも起きることがあるので、こちらにも注意を払う必要がある。

　こうした温度にまつわるトラブル対策にはいくつかある。一つはカバーのない3Dプリンターであれば箱状のカバーを自作して3Dプリンターを囲うことである。機種によってはオプションで用意されている場合もある。さらに3Dプリンターが設置されている部屋の温度をできるだけ高くしておくことも重要である。ある程度の価格以上のデスクトップ3Dプリンターであればヒーテッドベッド（プラットフォームを100℃以上に熱することができるもの）があるので使用したほうがよい。

　大きめのパーツの場合には、どうしても端の部分でのゆがみが避けられないことも多い。その都度出力を止めていたのではいつまでも造形が終わらない

図表 3-14 │ FDM の造形不良の対策

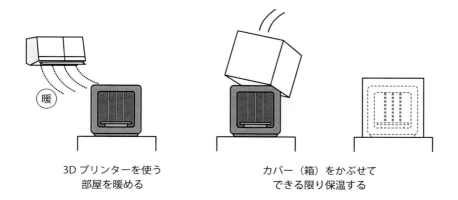

3Dプリンターを使う　　　カバー（箱）をかぶせて
部屋を暖める　　　　　　できる限り保温する

が、経験則に基づいた対処法も存在するので後述したい（p.104）。なお米ストラタシス社製の業務用大型3Dプリンターを使用している場合には、完全に密閉された環境で造形されるため一般にここで述べたようなトラブルは起きない。

❷後処理の準備とパーツの取り出し

FDM方式の3Dプリンターの場合、後処理については光造形ほどの準備は必要ない。基本的にはスクレーパーと大小サイズのニッパー、目を保護するためのゴーグル、それに分厚い手袋の用意があれば十分だ。出力が上手くいっていれば、パーツはかなり強固にプラットフォームに貼り付いているはずだ。スクレーパーを使って少しずつパーツをプラットフォームから剥がしていく。この際、スクレーパーでプラットフォームを傷つけないようにする必要がある。

また、かなり力を入れて勢いよくスクレーパーを動かすのでパーツを飛ばして壊してしまわないようにする。またプラットフォームをプリンターから取り外せる場合には、スクレーパーを自分に向けないようにする。前述した保護用の手袋をつけないと自分自身をざっくりと切ってしまうことにもなるので注意する。

> **要点 ノート**
> FDMで造形時の不良を防ぐには積層時の温度管理が重要。3Dプリンター全体を箱状のカバーで覆って外部からの熱の影響を安定させる。

1 3Dプリンターによる造形フロー

FDM方式での造形フロー（5）：
造形終了時の後処理

　FDM方式の場合、造形終了後の後処理は光造形ほど面倒ではない。ただし米ストラタシス社の業務用大型3Dプリンターの場合には、機種によってはサポートの溶解に強アルカリ液を使うため廃液処理に注意する必要がある。また水道水で溶かすタイプの機種もあるが、サポートを溶かした後の水は樹脂が溶け込んでいるので廃液の扱いにはやはり注意が必要だ。

　とはいえ、多くのデスクトップ機では出力物と同じ材料でできたサポートを物理的に剥がしていくタイプなので、以下にその方法とポイントを紹介しよう。

❶ラフトの除去

　ラフトとは、造形物をプラットフォーム上に密着させるための土台となる薄いシート状の部分をいう。造形前に土台部分を先に形成する（**図表3-15**）。そもそもラフトを作成しないというオプションを取ることも可能だ。ただしその場合、パーツがプラットフォームから剥離しやすくなるので実際にはラフトをつけることがほとんどである。多くの場合ラフトの上にサポートが作成され、直接パーツがラフトに貼り付いていることは少ないし、貼り付いていたとしてもあっさり剥がれることが多い。ただし接地面積が大きい場合には、うまく剥がれないときがあるので、ニッパーや彫刻刀などを使用して少しずつ剥がしていく。

❷サポートの除去

　サポートそのものの除去には特に気を使う必要はない。サポートが支えているパーツにデリケートな部分がなければ、道具を使わずに手で引っ張って剥がしてしまって構わない。ただし、あまり乱暴にやるとパーツ表面にサポートの断片が残ってしまうことがあるので、彫刻刀やニッパーなどを使って除去する。

　デリケートな形状（例えば細長くて折れやすいものなど）がサポートの中に埋まっているときには、丁寧に作業しないとパーツを壊してしまうことになりかねない。特にサポート形状とパーツ形状が紛らわしいときは危険だ。他人が作成したパーツのサポートを除去するときにはもちろん、自分が作ったデータ

| 図表 3-15 | ラフトをつけてプラットフォームに密着させる |

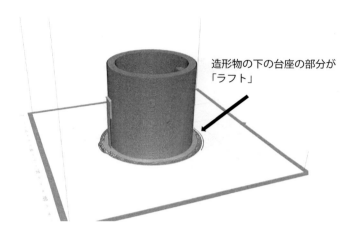

造形物の下の台座の部分が「ラフト」

の場合でも、パーツのディテールをきちんと把握していないと勘違いでパーツを切り落としてしまうことになる。

　パーツ形状に深い窪みがある場合や、円筒状のパーツの内部などはサポートの除去がより困難となる。こうした凹部の除去手順も、凸部のそれと基本的には同様だが、直接手や指が入らないときは大きめのペンチで引っ張って除去する。ただ、その場合にはどうしてもパーツの表面にサポートのバリが残ってしまうので彫刻刀などを使って除去する。どんな刃物を使っても届かないのであれば、そもそも出力前の準備に問題があると考えよう。パーツのオリエンテーション（向き）を変えるか、またはパーツを分割して対応する。

❸表面の仕上げ

　本格的なパーツ表面の仕上げについては後述（p.112）するが、特に滑らかさが必要な部分については、紙やすりを用いてパーツの表面を磨いて仕上げる。セオリー通りに、粗い紙やすり（番号の小さな紙やすり）から目の細かい紙やすり（番号の大きな紙やすり）へと数回にわけて磨く。前述の窪みの中で上手くサポートの断片が除去できなかった場合でも、粗い紙やすりを用いることで除去できる場合もある。

> **要点 ノート**
> FDMでのサポート除去や表面の磨きは、溶解式のサポートを使う場合を除くと、ニッパーや紙やすりを使った物理的な作業が中心となる。誤ってディテールを除去しないよう注意する。

【2】 3Dプリンターによる造形のポイント

大物部品対策とパーツ分割

　工業製品分野で3Dプリンターを活用しようとすると、必ず遭遇するのが造形サイズの不足という問題だ。使用する3Dプリンターのプラットフォームのサイズに収まらないパーツを出力する必要性に迫られるのである。一般的にデスクトップ型3Dプリンターのプラットフォームサイズは、20cm角に満たないものが主流であり、ましてや30cm角を超えるものは非常に少ない（2018年11月現在）。実際の製品には、体積はさほどなくとも一方向にだけ長さのある長尺物も多く、プラットフォームのサイズを考慮した工夫が必要となる。

❶パーツのレイアウトを工夫する

　例えば長さ22cmの細棒を考えてみよう。このときプラットフォームの長辺の長さが20cmであれば普通に考えればプラットフォームに収まり切らない。ところがこれを対角線に配置することで最大で$\sqrt{2}$倍の長さまで出力することができる。もちろんXYZの各方向すべてに寸法がある場合、つまりボリュームがある場合にはこの方法では難しい。しかし細棒や薄板であればパーツレイアウトやオリエンテーションで解決できることも多い。場合によっては、細棒よりもやや太さや肉厚がある場合でも$\sqrt{2}$倍とまでにはいかないまでもプラットフォームの大きさ以上の出力が可能である。

　さらに長いものや、細長い板状のもの、あるいは太さがあるものなど、単純に斜め配置するだけでは収まらないものもある。この場合、プリンターの造形サイズを3次元的に使うと収まることが多い。例えば図表3-16のハンガーの場合、2次元的に斜めに配置するだけではプラットフォームに収まり切らないが、3次元的に配置することでさらに長さを稼ぐことができる。つまり平面的に回転させるだけでなく、立体的に回転させて配置することで造形エリアに収めることができる。

　ただし、当然ながらこの配置方法にも限界がある。一つは前述したように全体として体積があるものはどのように配置しても収まらないこと。もう一つは、造形時の強度やサポートの除去のしやすさなどその他の要因で、その向きで出力することが難しい場合には、部品の分割出力などを考慮する。

図表 3-16　3 次元で考えれば造形サイズに収まる

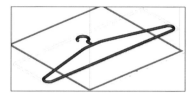

インポート時
プラットフォームのサイズを
オーバー

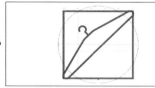

水平方向に 45 度回転させても
サイズオーバー

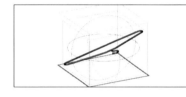

立体的に回転させると
造形エリア内に収まる

❷パーツを分割して対応する

　全体としてボリュームがあり、造形時の強度にも配慮したく、レイアウトの工夫では解決できそうもない場合に、よく使われる手段がパーツの分割である。

　パーツ分割を行う部分は、一般的には意匠的にも目立たない部分が望ましいが、もし力がかかる部品を作るのであればそれに加えて応力集中が発生しにくく強度的に問題のない部分を考えたい。パーツ同士の合体については、比較的肉厚があるパーツ同士ならばダボとダボ穴などを使った接続方法を考えることもできる。出力後に接着剤を付けて一体化する。

　パーツ分割は大物部品の出力だけに適用されるわけではない。p.99で紹介したスナップフィットのようにパーツ形状によっては精度が高い方向と強度が出る方向がどうしても一致しない場合がある。そのような場合にも、パーツ分割は有効な手段となる。別々に出力してあとで接着したほうが強度を保てるのである。なお比較的安価なFDM機では、機種によっては分割したパーツの造形精度が悪く、切断面が上手く接着できない場合がある。そのような場合には使用する機種を精度のよいものに入れ替えるか、相応の精度のプリンターを保有している出力サービスの利用を検討したい。

> **要点　ノート**
>
> 造形物がプラットフォームに収まらないときは、プリンターの造形可能サイズを3次元的に使ってパーツを配置する。それでも入らないときはモデルを分割して造形後に合体する。

【2】 3Dプリンターによる造形のポイント

造形不良に対する対策

　実際のプリンター出力において造形不良は決して珍しいことではない。しかしその程度は、造形自体に失敗したものから無視できるもの、あるいは、造形こそできてはいるものの許容しがたいゆがみや寸法誤差があるものまで様々である。これらの失敗の原因や、その対応策は造形方式によって異なるが、本項ではFDM、光造形両方式に共通する原因とその対策を取り上げる。不良の理由は様々だが、主なものを下記にあげる。

❶不適切なサポート設定

　造形不良の大きな原因の一つが不適切なサポートの設定である。一般にサポートを頑丈、かつ万遍なくパーツを支持するように構築するとパーツ形状の歪みは最小限に抑えることができる。そのトレードオフとしてサポートの除去に手間がかかり、場合によっては除去自体が非常に困難になることもある。サポートの設定に際してはこのトレードオフを考慮して実施する。

　最も多いのが手間を最小限に抑えようとするあまり、サポートが少なすぎて造形不良につながる例だ。例えば光造形で剣のような鋭く細長い形状を造形する場合、尖った切っ先にはあまりサポートを付けたくない。サポートの除去とその後の磨きを注意深くしないと形状がきちんとできないからだ。ところが、ここにサポートを付けないと先端が造形途中に垂れてしまい長さの違う先端の丸い剣ができてしまうのである。

　また、**図表3-17**に示すボスは、本来断面が真円となるようにモデリングをしたはずのものだが、できあがると大きく横に扁平し楕円になってしまっている。FDMでは一見してサポートを省略できないと思われる個所についても思い切ってサポートなしにすることが可能だが、大きくゆがんでしまったり、造形面が大きく荒れる。後処理である程度の修正が可能な場合もあるが、根本的にきちんと造形ができていないので、仕上げでのリカバリーには限界がある。つまり少ないサポートは造形面のデメリットが生じることを理解する必要がある。

❷FDMにおける反り対策

　FDM方式のデスクトップ機では、熱溶解した材料が積層後に冷えて収縮し

図表 3-17　サポート不足により楕円に変形したボス（FDM）

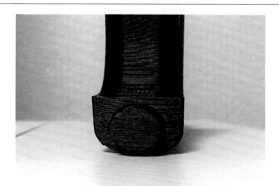

造形物にゆがみが発生してしまう。極端な場合にはゆがみに止まらず、パーツがプラットフォームから剥がれてしまうこともある。PLAに比べてABSはさらにその傾向が顕著だ。いまだこの現象を改善する決定打がないのが現実だが、それでも以下のようにそれなりに効果的な対策は存在する。

固着力の強化：基本的にはラフトを使用するとプラットフォームと造形物の固着力を強化するが、それだけでは十分でない場合もある。使用している3Dプリンターにもよるが、ヘアスプレーやスティックのりなどの固着剤も有効な手段の一つだ。

のりしろの作成：反りが発生する（と予測される）場所にのりしろの形状をあらかじめ作り込んでおく。ジオメトリそのものを変えるので、出力後にのりしろ部分をニッパーなどで切り落とす必要があるが、緊急対策としては有効な手段の一つである。

クリアランスの適正化：ヘッドとプラットフォームのクリアランスが適正でない場合には固着力に問題が発生し、特に端が中央よりも浮いている場合には、高確率で反りが発生する。

3Dプリンターの保温：樹脂の冷却時間をできるだけゆっくりするのも有効だ。急速な冷却は反りに繋がる。3Dプリンター本体や、置かれている部屋を暖めできる限りゆっくりと冷却できるようにする。

> **要点 ノート**
> 光造形、FDMともに時間や手間を惜しんでサポート量や密度を減らすと造形不良に起こすことがある。FDMでは材料の冷却に伴う造形物の反りや変形に注意する。

【2】 3Dプリンターによる造形のポイント

造形方向と品質の関係

　プラットフォーム上に造形物をどのような方向で配置し造形すべきか。厳密に言えば、すべての方式の3Dプリンターで造形方向と造形品質の間には何らかの相関関係がある。ただしFDM方式、とりわけデスクトップの小型プリンターの場合、この方向の違いが品質に顕著にあらわれやすい。

　よほど特殊な形でない限り、すべてのニーズを満たす造形方向はないと考えてよい。向きによって造形時間はもちろん品質も大きく変化することがあるので、優先度の高いニーズを満たすように配置をする必要がある。造形方向を設定する際の判断基準としては以下の3つが考えられる。
・特に重視する面の表面が滑らかで仕上げやすい方向
・強度を重視した方向
・造形速度が早く、サポートも除去しやすい方向

　パーツ形状によって、上記3つのうち2つが揃うことは珍しくないが、3つめを満たそうとすると矛盾が生じてしまうことが多い。

　なお、FDMで使用される一般的なノズル径や積層ピッチは安価な3Dプリンターであっても高価な業務用のものであっても実のところそれほど変わらない。全体的な造形精度は冷却する際の収縮や、収縮に伴って発生する反りの影響が大きい。業務用の大型FDM機の場合にはこのコントロールに長けているため最終的に安定した仕上がりを得ることができる。以下で示す基準は概ねどのFDMでも適用できるものと考えてよい。

❶表面の滑らかさが重要な形状

　ボトル（瓶）など円筒容器では、断面形状の精度が重要であるとともに側面の滑らかさも要求される。この場合、**図表3-18**のように配置するのがベストだ。この形状の場合には容器の強度はほとんど考慮に入れる必要はない。

　ボトル本体は、普通に上向きにして開口部が上になる方向で、またキャップは逆さまにして配置する。これによりボトル側面の品質、ネジ部を含む形状の再現度、そして真円の再現度を含めて最適となる。ボトルを横向きにすることは高さを抑えることは可能だが、ボトル内部にサポートが必要になるほか、円形の断面がゆがむ可能性があるのであまりお奨めできない。

図表 3-18	ボトル（瓶）は立てて配置する

図表 3-19	複雑な形をどう配置するか（鳥と鳥カゴ）

❷パーツ分割の実施

　フィギュアや、図表3-19に示す鳥と鳥カゴのような形状、あるいはプロペラ飛行機のおもちゃなどといった複雑な形状の場合、どの方向に向けて配置するのがよいのかこれといった正解がない。デリケートな形状がある場合には、その領域にサポートが付かないようにすることが重要ではある。さらにサポートをつけなければ造形が非常に困難だが、サポートを付けるとサポート除去が困難な場合もある。

　また、強度を失いたくないが、パーツ全体として造形時間を増やしたくない、あるいは他の部分の表面の品質を失いたくないといったジレンマに陥ることも多い。この場合、思い切ってパーツを分割してしまうのがよい。図表3-19のような造形が困難な場合にも、台とカゴの網、そして鳥をすべて分割して出力する方がよい結果を生む。壊れないようにしっかりと仕上げることは重要だが、樹脂材料の場合、接着材で接合しても強度には問題のないケースも多い。むしろ、パーツの強度と見栄え、さらにはサポートの量を減らすことを同時に実現することができる。

> **要点ノート**
> FDM方式では造形方向の違いによって、特定の面の精度や滑らかさ重視、全体的な強度重視、造形速度とサポート除去のしやすさ重視の3つモードがある。

2 3Dプリンターによる造形のポイント

出力サービス業者の選び方：
ゴールを見据えた外部委託を考える

　3Dプリンターを持っていない、または持っていてもそのプリンターでは目的の出力ができないなど様々な理由で出力サービスを利用しなければならないケースがある。そこで本項では、出力サービスを利用時の注意点について考えてみたい。ひと口に出力サービスと言っても、そのサービスを提供する業者によって特徴が異なるので、それぞれのサービスの特徴や得意不得意を考えて依頼先を考えるのがよい。

❶3Dプリンターに特化した出力サービス

　2012年頃の3Dプリンターブームあたりから様々な出力サービスが登場し、種々の方式のプリンターを取り揃えて様々なバリエーションのサービスを提供している。利用に際してはユーザーがインターネットを通じてデータを入稿し、クレジットカードで決済できるなど個人にとっても非常に利便性が高いサービスも多い。しかも後述する❷のサービスと比べると圧倒的に低コストだ。

　その一方で製造業の試作業務で必要となる造形に対する細かな要望は受けてもらえないことも多い。また基本的には出力してそのまま納品されるので、同じもの同じデータで依頼しても仕上がりにばらつきがでることも多い。さらに入稿データに不備があった場合にも、依頼主に差し戻されるだけで修正には応じてもらえないので自分で対応する必要がある。さらに、法人向けのサービスを提供していない場合には、納期や支払い方法についても融通がきかないこともある。

　とりあえず安価にそれなりの品質で形状を確認したいなどといったときには便利だが、3Dプリンターの活用範囲を後工程である製造まで見据えたときには依頼する先を考えたほうがよいかもしれない。

❷従来からの試作業者が提供するサービス

　ものづくりは、試作から量産までをプロセスとして見据えて進めていくのが普通であろう。試作で作られた形状が量産時の加工法で実際作れるかどうか配慮しておく必要があることは第2章で紹介した。後工程まで考えた依頼をするときに頼りになるのが、元々切削加工や射出成形などで試作を手がけてきた会

図表 3-20　出力サービス業者の比較

業者のタイプ	メリット	デメリット
①3Dプリンターに特化した出力サービス	・種々の方式のプリンターを取り揃えて様々なバリエーションの出力サービスを提供する ・様々な材料に対応している ・インターネットでデータ入稿し、決済にはクレジットカードが利用できるなど手軽 ・一般的に低コストで利用できる	・造形に対する細かな要望は受けてもらえない ・仕上がりにばらつきがでる ・入稿データに不備があった場合、差し戻されるだけで修正には応じてもらえない ・納期や支払い方法に融通がきかないこともある
②従来からの試作業者が提供する出力サービス	・プリンターによる出力サービスのみならず、従来からの試作ノウハウを生かしてソリューションを提供できる ・特に機能評価に使える試作や量産を見据えた試作を提供できる ・良い出力結果を得るためアドバイスをくれることがある	・対応可能なプリンター方式も限られていることが多い ・データの入稿から見積もりまでの手続きが自動化されておらず、 ・価格は高めで、出力だけを考えると割高

社だ。これらの業者のなかに従来から行ってきた試作サービスに加えて、3Dプリンターによる出力サービスを提供する企業が増えてきている。これらの企業が提供するサービスでは対応可能なプリンター方式も限られていることが多く、またデータの入稿から見積もりまでの手続きも自動化されていないことも珍しくない。

　その代わり、例えば3Dプリンターによる試作で、形状や機能面など基本的なパフォーマンスを確認した後に、今度は実際の材料を使って切削加工をしたり、試作の形状を元に簡易金型を作るといった量産を見据えたサービスも可能となる。出力サービスだけでなく、前後のプロセスも同じ会社に一貫して依頼することもできるのである。またそこまでいかなくとも、製造を理解しているだけに単に試作を納品するだけでなく、アドバイスをくれる企業もある。つまり、ある種のワンストップサービスになる。ただし、❶の業者と比較すると価格は高めで、出力だけを考えると割高になる。あくまでも自分が何を求めて外部に出力を依頼するのかを考えて依頼先を決めることが重要だ。

> **要点ノート**
> 低コストや出力方式のバリエーションを重視するなら出力サービス特化の業者を、ものづくりに関する広範なサービスを期待するならば従来から試作などを手がけている会社の出力サービスを利用。

2　3Dプリンターによる造形のポイント

造形物の二次加工について（1）：
見栄えのための表面仕上げ

　3Dプリンターで出力した造形物は、出力品質が十分ならばそのまま様々な検証に使用することができる。例えばざっくりとした形状確認程度であれば見栄えがそれほど重要でない場合には、本章で紹介した基本的な後処理さえ済めばそのままでOKだ。しかし、それ以上の使用目的、例えば打ち合わせ時に顧客に提示したり、展示会で来場者に披露したり、あるいはコンペで使用するモックアップとする場合や、さらにはそれ自体を最終製品とする場合など見栄えの良し悪しが重要なことも多い。そこで本項では、造形物の仕上げについて述べる。

❶積層の段差を滑らかにする

　一般に3Dプリンターの出力品質について最も指摘されるのが縞模様の積層痕だ。見栄えが重要視される出力物だけでなく、機能確認が中心の場合であっても段差の処理をした方がよい場合もある。特に積層ピッチの大きさにかかわらず段差が目立つFDM方式はもとより、段差が比較的目立ちにくい光造形方式でも必要になることがある。また、粉末焼結方式においても磨きは必須なことが多い。出力サービスなどを使った場合も、基本的なデパウダーはされているものの粉っぽくかつザラザラしているからだ。

❷後処理の流れ

　樹脂の特性はその種類によって様々である。すべて同じ仕上げ方法が適用できるわけではないが、ここではFDMの材料として最も一般的なABSを例に解説する。機械的、熱的、化学的な特性にも優れた加工しやすい樹脂だ。

（1）ステップ1：研磨処理を行う

　最初に行うのが研磨作業だ。研磨の作業は紙やすりで行う。楽だからといって、いきなりリューターやサンダーなどは使用しないほうがよい。誤って大きく削り過ぎてしまう危険性がある。この磨きをきれいに仕上げるためには、やすりの粗さを3段階に変えながら磨いていく。積層ピッチにもよるが、最初は200番から80番程度の粗い紙やすりを使って大きな段差や不要な樹脂の紐、ダマなどを除去していく。ある程度きれいになったら400番台、600番台とより目の細かいものにする。

図表3-21 仕上げのフロー

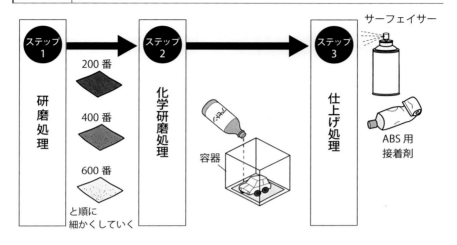

(2) ステップ2：化学研磨を行う

ABSはアセントで表面を溶かして滑らかにすることができる。アセトンはホームセンターなどで容易に入手できるが、有害かつ可燃性の物質なので換気のよい部屋で作業する。作業はアセトンを容器に入れて含浸させる。なお、ステップ1で研磨がしにくいときには、あらかじめ少しアセトンを塗布してから研磨を行うと研磨作業が容易になる。

(3) ステップ3：仕上げ作業

ステップ2の後にABS用の接着剤を表面に薄く塗布していくことで、さらに表面を滑らかにするだけでなく格段にツヤを出すことができる。あるいはステップ1の後に、模型用のサーフェイサーを表面に吹くことも可能だ。サーフェイサーが表面をより滑らかにしてくれる。この仕上げによって、その後に塗装をする場合も塗料の乗りがよくなるが、これについては次項で説明する。

以上のように、後処理は手間のかかるプロセスだが、圧倒的に見栄えがよくなる。なお、前出のZortrax社では、Zortrax Appolerと呼ばれる、本項で紹介した後処理を自動化する機械を開発中だ（2018年11月現在）。

要点ノート

FDMの積層段差は、見栄えが悪いだけでなく機能検証の妨げになることもある。仕上げ加工は研磨が中心、表面性状の改善により塗料の乗りもよくなる。

❰2❱ 3Dプリンターによる造形のポイント

造形物の二次加工について（2）：
見栄えのための塗装処理

　前項では、おもに出力後にパーツの表面を滑らかに仕上げることを中心にした解説をした。本項では、さらに塗装の流れを紹介したい。基本的な流れは前項で説明した流れと大きくは変わらない。また光造形品の出力後のベタついた状態に対する対応法も解説する。

❶塗装の流れ
（1）ステップ1：下地処理を行う
　FDMはもちろん、比較的滑らかな光造形においても塗装を考えるのであれば下地処理をしっかりと行いたい。下地処理の方法はおもに2つ。前項で紹介したアセトンの塗布と研磨を併用することだ。この方法のメリットは表面が非常に滑らかになること、デメリットはダレてしまうことだ。そのためシャープなエッジが失われてしまう可能性がある。またアセトンはABSには有効だがPLAには使えない。

　もっと扱いやすく一般的な材料としてパテを使って段差などを埋めたうえで研磨する方法がある。これならばABS以外の材料でも使用できる。また光造形の場合、塗装前にはサーフェイサーなどを吹くのが一般的だが、磨く場合もパテやサーフェイサーなどを塗布したうえで磨けば、アセトンでは問題になったエッジがダレる問題もなくなる。さらに応急処置にはなるが造形時やその後のサポート外しなどで欠けてしまったところをパテで埋めるなども可能だ。

　これらのパテ、サーフェイサー類は、模型店などで様々な種類のものが販売されているので入手は容易だ。

（2）ステップ2：研磨処理を行う
　パテやサーフェイサーが硬化したことを確認したうえで、紙やすりで研磨を行う。200番から400番程度の紙やすりが適当だ。パテやサーフェイサーは柔らかい材料なので、より目の細かい紙やすりであればパテの余分な部分だけが研磨され、残りのパテがきれいに段差の溝を埋めてくれる。

（3）ステップ3：下地塗装を行う
　塗装の発色をきれいにするうえでベースホワイトを使用することが推奨される。発色がよくなるだけでなく塗料の乗りもよくなるからだ。

図表 3-22　塗装のフロー

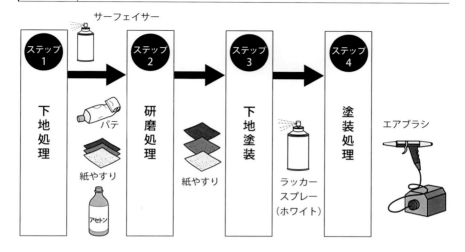

(4) ステップ4：塗装処理を行う

　使用する塗料は通常のプラモデル用の塗料ならどれでも問題がない。塗装の要領もプラモデルと同様と考えてよい。同じ表面内で塗り分ける場合には、必要な部分にマスキングテープを使用してカバーする。塗装自体もきれいに塗るにはテクニックがあり、筆を使うかエアーブラシを使うかなどで処理も変わってくるが、ここでは割愛する。

❷光造形の造形物の後処理について

　前述したように光造形では出力後に造形物をアルコール（IPA）で洗浄する。しかし、かなりきれいに洗浄したつもりでも、ベタついた感じが残ることが多々ある。そのようなときの対応方法の一つが、一度ベビーパウダーを表面にふることだ。パウダーの粉で白っぽくはなるが表面はさらさらになる。
　この方法はあまり一般的なものではないが、このようなベタつきが気になる場合には、試してみるとよい。

要点ノート

塗装の成否はきれいな表面仕上げができているかどうかによる。化学研磨の際のエッジのダレを防ぐには、パテやサーフェイサーによるプロテクトが有効。

【 第**4**章 】

業務の中での活かし方

1 業務における3Dプリンター活用の実際

業務の中での典型的な活かし方（1）：
試作に活用する

　前章までは、3Dプリンターやその利用に関する基本的な知識、必要となるモデルの作成、そして出力作業の流れについて述べた。本章では、業務の中での3Dプリンターの活かし方を述べていく。

　ここまでの情報から3Dプリンターは切削加工や射出成形に比べて造形上の制限が少なく、アイデア次第で今まで考えられなかったような形状や使い方が可能となることがわかった。しかし使い始めの段階で、新たな活用の仕方を発想することは難しい。そこで一般的な活用の仕方を振り返る。

❶試作の内製化

　3Dプリンターの活用で誰もが考えるのが「試作（プロトタイピング）」であろう。そもそも2012年頃からの3Dプリンターブーム以前には3Dプリンターという言葉が使われることは少なく一般的には「ラピッド・プロトタイピング」と呼ばれていた。3D CADで設計している企業であれば、社内の3Dプリンターで即座に形を作ることができたのでラピッド（迅速な）という言葉どおりの活用がされていたのである。現在でもこの使い方が主流であるといってよいだろう。

　日本でも3D CAD主体の設計へと移行が進み、設計者以外の関係者も含めた情報共有が進んだものの、開発のための意思決定をしようとすると、やはり実物にまさるものはない。試作は従来、2D図面を用いた加工業者との打ち合わせを起点に、見積もりで数日から一週間、そこからさらに納品まで一週間といった時間がかかることも珍しくはなかった（現在では、3Dプリンターなみの即見積もり、数日以内に納品をする業者もある）。ところが現在では手元に3Dプリンターがあれば数時間から翌日には確認できる。もちろん3Dプリンターの活用で相対的にコストも安くなるが、導入企業の多くがコストダウンよりもむしろ時間の節約にメリットを見出している。設計→試作→検証→改善のサイクルを早くまわし、業務を高速化できたことで今まで手がつけられなかった仕事に着手することができ、新たなビジネスチャンスにつながったという実感があるからだ。

図表 4-1 　試作における 3D プリンターの活用とメリット

活用内容	①試作の内製化	②機能検証への活用	③パーツレイアウト検証への活用
要因・メリット	・3D CAD データの二次利用 ・3D プリンターの普及と低価格化 ・3D プリンターの高速化 ・週単位→日・時間単位 ・設計→試作→検証→改善のサイクルの高速化によるものづくり全体の効率化 ・創出した時間を使った新規事業の仕込み ・内製化によるコストダウン	・フレキシブル樹脂、ゴムライク樹脂、耐熱性樹脂など多様な機能性材料の登場 ・3D プリンター方式の選択肢の増加 ・材料の低価格化 ・造形やモデリングに関するノウハウの蓄積（パーツ分割、シミュレーション技術など）	・設計→試作→検証→改善のサイクルの高速化によるものづくり全体の効率化 ・シミュレーション技術との併用による開発プロセス全体の効率化

❷機能検証への活用

　3D プリンターの試作への活用当初は形状の確認が主流であった。3D プリンターは、今でこそ使える材料のバリエーションが増えてきているが、当初は選択肢が少なく、最終製品に使う材料の特性とは異なる材料を使わざるを得なかった。そのため部品強度の検証などの機能検証が現実的ではなかった側面があった。

　しかし現在ではプリンター方式の選択肢自体が増えたこともあり、材料の選択肢が大幅に増えた。特に光造形では、最終製品に使う材料に類似した機械的特性を持つものも含め、多様な素材が登場している。これにより強度も含めた機能検証が可能になりつつある。

❸パーツレイアウト検証への活用

　パーツ形状だけではなく、パーツレイアウトの検討も含めた試作も可能だ。工業製品のほとんどは多数の部品が組み合わされてできている。設計の過程で 3D CAD によるパーツの配置やレイアウト変更は常に行われているため、これらの変更が実際に機能するかを 3D プリンターで作ったパーツを組み立てて検証する。例えばそこに購入部品を取り付けるなどのことも容易に実現できる。試作によってこれらの思考錯誤のプロセスを効率化することができれば開発プロセス全体を大幅に早めることができるのである。

　導入ポイントの見極めでは、まずは上記の効率化を目指して運用を始めることをお奨めしたい。運用をこなしていくうちに新たな展開も期待できる。

> **要点ノート**
> 3D プリンターを試作に活用するメリットは、内製化による時間短縮、パーツの機能・性能検証、パーツレイアウトの検証による全体の効率化などで発揮できる。

1 業務における3Dプリンター活用の実際

業務の中での典型的な活かし方（2）：コミュニケーションやアイデア創出に活用する

　開発業務に関わるのは設計者だけではない。製造部門の担当者はもとより、経営から営業、マーケティング、あるいは保守など技術、非技術を含めて様々な担当者が関わる。個別受注品であれば開発工程の中に顧客が関わってくる場合もある。開発プロセスには様々なコミュニケーションが必要となるが、そこに3Dプリンターを活用する例が増えてきた。また、試作前にアイデアを具体化するために3Dプリンターを使った検証サイクルを取り入れる例も増えている。

　本項では、前項の開発に直接関れる業務以外での3Dプリンターの活用について考える。

❶社内外とのコミュニケーションに活用する

　製品開発には、社内外の数多くの人間が関わる。例えばある顧客のために既存製品の一部だけを変更したカスタマイズ設計を行うような場合、2D図面のみによる顧客との意思疎通は技術者であっても誤解が生じる余地は大きい。またモニタ上の3Dモデルは大きな進化だが、実物よりも情報量は少ない。

　そこで3D CADからそのまま簡易なモックアップを作成し、エンジニア自身や営業担当者が直接顧客と打合せることも増えてきているが、より具体的なフィードバックを得られるようになってきている。

❷マーケティングに活用する

　展示会への製品の出品を考えてみよう。実際に可動する実機があればベストだが、まずは筐体のモックアップの展示だけでもよいというケースも少なくない。とはいえ、そのモックアップも何もないところから作るのはコストや工数がかかるし、時間がないと間に合わない。

　このような場合でも3Dプリンター利用の前提である設計用の3Dデータさえあればモックアップは容易に作成することができる。データの仕上がりが、展示会まであまり間がない場合でも、製品の大きさや複雑さにもよるが、より短いリードタイムで仕上げられる可能性が高い。また、最近では樹脂を材料としたカラー出力可能なプリンターも普及してきたほか、前章で述べたような仕上げと塗装のテクニックを使用することで比較的短時間で見栄えのよいモック

| 図表 4-2 | モックアップを3Dプリンターで作るメリット |

アップを作成することができる。さらに実際の製品イメージに近づけるために、中身を詰めて実際の重さを再現したモックアップも作ることが可能だ。

❸アイデアの具体化に活用する

　新製品を開発時や、製品に画期的な改良を加えたいとするとき、設計者はどのように自身のアイデアを具体化していけばよいのだろうか。頭の中のモヤモヤとしたアイデアを紙の上に書いたとき、3Dデータにしたとき、実物になったとき、と具体性が増すたびにそのメリット・デメリットが可視化されてくる。したがって、大切なのはこのサイクルをいかに早くまわすのかということだ。

　従来、実物を作るためには時間やコストをかけて業者に外注するのが普通であった。当然、浮かんだアイデアをすべて作ってみることは難しく、厳選せざるを得なかった。かと言って、アナログ的に手作りしたのでは、そもそも設計を忠実に再現したとはいえない。それが3Dプリンター、特にデスクトップの小型機を用いることで一変した。

　造形が低コストかつ手軽になったことで、アイデアの具現化への3Dプリンター活用も増えている。

> **要点 ノート**
> 現物（モックアップ）を目の前にした検討により、顧客を含めた関係者間のコミュニケーションや、アイデア検討の幅が一気に広がる。

1 業務における3Dプリンター活用の実際

機種選定のヒント（1）：出力サービス利用による造形と普及機の導入

　初めて3Dプリンターを導入する場合、どのような基準で機種選定をすべきだろうか。一度でも導入経験があれば、その方式が自社に向いているか否か、使い勝手はどうなのかなど、おおよその見当がつくが初めてではそれが難しい。本項ではこうした疑問のヒントになる知識を紹介したい。なお、以下では3Dデータを自前で用意できることを前提にしている。

❶出力サービスの活用

　業務活用でもっとも重要な視点が、どの出力方式のプリンターが目的とする業務にいちばん適うのかという点だ。この答えはいくらベンダーの説明を聞いても、サンプルやカタログを比べてみても見えてこない。そこで活用したいのが出力サービスである。大手の出力サービスであれば多種多様な3Dプリンターが取り揃えられており、さらに複数の出力サービス業者をあたればおそらくすべての方式の機種を実際に体験することができる。

　出力を依頼するパーツは、実際に自社で使用する頻度の高いパーツを選択する。比較的小型で検証ポイントが多くあるものほどよいだろう。そのようなものであればコストもそれほどかからないので、同時にいくつかのサービスを利用して仕上がりを確認する。その中でいちばんフィットしそうな方式に的を絞る。

　出力サービスを利用するメリットはこれだけではない。出力サービスは単なるサンプルの依頼ではなく、出力品質も満足のいくものであれば、通常業務の中で活用できるので一石二鳥だ。出力ボリュームが少なく、自前でプリンターを買うまでもなかったとしても、引き続きサービスを利用して出力を続けられる。

❷安価なデスクトップ機の導入

　数百万円から1000万円を超えるようなハイエンド機を導入する場合には、出力サービスを試みる価値が十分にある。しかし、もう少し日常の設計業務の中で頻繁に使用してみたいという場合には、出力サービスの活用とともに比較的安価なデスクトップタイプの普及機の導入をお奨めしたい。特にFDM方式の場合、2018年現在、すでに小物部品の設計検証が可能なレベルの3Dプリンターが多数発売されている。経費で落とせる金額、または中小企業であれば一

図表 4-3 安価なデスクトップ機の複数台運用のイメージ

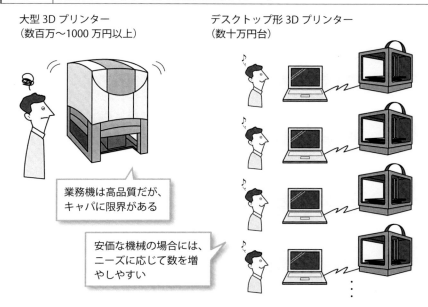

　括償却できる金額のものもある。すでに3D CADを設計で運用している実績があるのであれば、少なくとも一台は自社に備えておいて損はない。3Dプリンターのメリットを十分に活かそうとするならば、設計者が日常的にプリンターを使用できる環境を維持していくことが重要である。

　デスクトップタイプの普及機を活用するメリットはこれだけに止まらない。ハイエンド機では、社内での需要が高まってもおいそれと追加導入するわけにはいかない。これに対して普及機では、一気に複数台追加導入したところでコスト面でもマシンを設置するスペース面でも問題なく、現実的である。

　すでに多くの個人事業主や小規模な企業が20万円台のFDM機と50万円台の光造形機を揃えて設計や試作業務に活用しはじめている。

　3Dプリンターはカタログスペックを見ても、業務で利用する際の実際の性能はわからない。一方、「お試し」的に使用することは容易なので、とにかく実践で触ってみることが自社にベストなプリンターを選ぶ第一歩となる。

> **要点　ノート**
> 3Dプリンターの性能はカタログスペックだけではわからない。出力サービスや安価な小型機で出力することが有効だ。

1 業務における3Dプリンター活用の実際

機種選定のヒント（2）
実際の導入コストと運用コスト

　本格的な業務活用を目指した導入を考えてみよう。導入に際しての評価ポイントは複数ある。どの方式の3Dプリンターを選んだとしても、すべてのニーズを満たすことは難しい。何が重要視されるのか優先順位をよく考えたうえで導入を考えたい。

❶価格帯による3Dプリンターの違い

　3Dプリンターは、それぞれグレードが異なる三つの価格帯がある。数百万円〜数千万円以上にもなる「高価格帯」、50万円前後の「中価格帯」、そして30万円以下の「低価格帯」だ。3Dプリンターを使った業務内容のイメージが固まれば、おのずと必要な3Dプリンターの価格帯がわかるようになる。

高価格帯：高価格帯の3Dプリンターは、一般的な工作機械と同様な位置づけとして考える。3Dプリンターによる造形物そのものが最終製品、もしくは顧客への納品物になるのであれば基本的には高価格帯のプリンターの導入を検討したい。自社業務の本流で重要な役割を果たすような使い方もこの価格帯だ。もう一つこの価格帯のメリットは、メーカーや販売代理店の保守が存在していることだ。保守プランに入っているのであれば故障時などの対応の対象になる。

中価格帯：基本的には社内利用が前提。ただし出力物の品質にこだわる必要がある、もしくは少量ながら外部への納品物になる可能性がある場合には中価格帯の機種を考えたい。また40cm角というような大きな出力物を考える場合も同様だ。光造形機にしてもFDM機にしても、2018年現在では、実は価格帯が違っても品質に「価格ほどの」差はないと考えてよい。実際、中価格帯でも外部への納品に耐えうる出力品質の機種も存在する。ただし、高価格帯にあるようなメーカーや販売代理店による保守プランは一般には存在しない。そのため故障時の高価格帯の機械のような対応はあまり期待しないほうがよい。

低価格帯：昨今は低価格帯であっても日常的な社内の設計検証レベルであれば品質的に問題のない機械が増えてきている。ただし、メーカーによって品質にばらつきがあるので、ある程度設計分野で定評のある機械を導入するのがよい。また使用にあたっての調整など手間がかかる製品と考えたほうがよい。

図表 4-4　コスト面からみた機種選定のポイント

価格帯	高価格帯 （数百万円～数千万円以上）	中価格帯 （50万円前後）	低価格帯 （30万円以下）
メリット・デメリット	・最終製品、もしくは顧客への納品物。一般的な工作機械と同様な位置づけ。 ・造形サイズは、方式により異なるがある程度大型出力物にも対応できる機種はある。 ・メーカーや販売代理店による保守が存在。ただし保守契約すれば運用コストがかかる。 ・一般的に高価格帯の材料は、同じ材質でも高価である。	・社内利用が基本。一部顧客への納品物。 ・造形サイズは、方式や機種によって40cm角までと比較的大型の出力物にまで対応可能。 ・造形品質は高価格帯とあまり変わらない。 ・一般的に保守はない。業務に支障をきたす可能性があるならば複数台導入を検討する。	・日常的な社内の設計検証 ・造形サイズは、10cm角ほど。 ・造形品質は、メーカーによって品質にばらつきがある。 ・一般的に保守はない。 ・機体の調整に手間が掛かるものもある。 ・価格が安いため、複数台の導入がしやすい。

❷材料

同じ方式の3Dプリンターであってもメーカーによって使用できる材料は異なる。必ずしも種類が多いほうがよいとは限らないが、自分が考えている材料を扱うことができるのか否かは判断の一つの重要なポイントだ。

❸保守や故障時の対応

3Dプリンターの品質もだいぶ上がってきたとはいえ、故障や不具合は珍しいことではない。業務本流に使用する場合には、高価格帯の機械を使うほうがよいのはこの理由もある。高価格帯の機械には存在する保守プランが、中価格帯、低価格帯との価格差に大きく反映されている。機械がミッションクリティカルでどうしても中価格帯以下の機械しか導入できないのであれば、複数台の機種の導入を考えて、故障時に業務が止まることを避けたい。

❹ランニングコスト

日々の運用コストも避けて通れない。基本的には、3Dプリンターの導入コストと、運用コストは正比例する。高価格帯のプリンターは、仮に故障しなくても保守プランに入っていれば保守コストがかかるし、同じマテリアルの材料を同じ量で使っていても高価格帯の材料費は一般に高額だ。プリンターの導入にあたっては保守も考えた運用コストも考慮しておく必要がある。

> **要点　ノート**
> 業務内容に相応した価格帯の3Dプリンターを選択する。導入コストだけでなく、運用コストも考慮して機種選定をする。

1 業務における3Dプリンター活用の実際

機種選定のヒント（3）：
性能の確認

　機種選定にあたって、プリンターの性能を評価する必要があるが、前項では、3Dプリンターはカタログスペックだけでは評価ができないということを述べた。しかし、それはカタログスペックを見なくてよいということではない。カタログスペックだけでは類似するものが多いため、それ以外の判断の基準を持つべきだということだ。前項までに述べたポイントを気にしながらスペックを眺めるだけで数値からではわからない基準が見えてくる。

❶造形方式
　微細なものやデリケートな形状を出力したいのか、使える材料のバリエーションの豊富さを優先するのか、あるいは出力物の強度などを重要視するのか、といったポイントからほぼ自動的に適した方式が決まってくるはずだ。

❷造形サイズ
　どの方式を使おうとも造形サイズは非常に重要だ。一般的に造形サイズはプラットフォーム上のXYの水平方向の大きさと高さ方向Zで表される。当然ながら造形サイズが大きくなればなるほど出力できる部品のバリエーションは広がるが、特に光造形やインクジェット方式では造形サイズが大きくなると急激にコストが高くなる。大は小を兼ねるが、大きなサイズの部品を滅多に出力しないのであればサイズは抑えてもよい。FDMで200mm角、光造形で140mm角程度あれば、出力できる部品のバリエーションはかなりカバーできる。

❸対応する材料
　試作の目的が形状の確認であれば使える材料のバリエーションはそれほど重要ではない。しかし材料の特性が重要な要素になる場合もある。

　光造形では、3Dプリンターメーカーが材料の種類を増やしていたり、サードパーティが材料の開発に力を入れていることもあり、比較的材料の種類が増えている。あるいは2種類の材料を混ぜて新たな物性を作り出すことのできるインクジェットプリンターの活用を考えてもよい。

　ただし上記のような工夫をして、一見多様な材料に対応しているようでも、あくまでもその機械的特性を模した材料を使っていることにすぎないことに留意する必要がある。剛性が重要なのか、靭性が重要なのか、あるいは透明性、

図表 4-5 性能・品質面での機種選定のポイント

着眼項目	チェック点
造形方式	・微細構造・デリケートな形状か ・強度重視か再現性重視か ・特殊な機能性材料を使用するか
造形サイズ	・造形したいもののサイズはどのくらいか（FDMで200mm角、光造形で140mm角あればかなりカバーできる）
対応する材料	・形状確認が目的か機能確認が目的か ・純正材料の価格はどうか、サードパーティ製材料は使えるか
造形時間	・造形時間は問題ないか（サンプルテスト） ・サポートの除去に時間が掛かるか（サンプルテスト）
形状再現度	・出力物のエッジがきちんと再現されているか（サンプルテスト） ・二次加工が必要か（サンプルテスト）

耐熱性などを考えなくてはならないのであればそれも評価ポイントだ。

なお材料でもう一つ大切なのが材料費（材料単価）だ。合わせて確認したい。

❹積層ピッチ

積層ピッチは業務用大型機でも安価なデスクトップ機でもほとんど変わらない。また同じ方式の機種同士での差もほとんどない。仕上がりの差は積層ピッチ以外の要因によるところ大きい。したがって、積層ピッチの選択の幅や選べるピッチ数以外は特に比較の要件にはならないと考えてよい。

❺造形時間

一般的にカタログに造形時間が書いていることはあまりない。しかし例えばハイエンド機でベンチマークを頼む場合、造形時間の確認はしたほうがよい。機種によって案外、差がでることがある。またサポートの除去まで含めたトータルの時間を確認しておくことも業務で使ううえでは重要だ。

❻形状再現度

同じインクジェット、同じ光造形、同じFDMでも形状の再現度に差が出てくることが多い。寸法の正確さだけではなく、エッジがきちんと表現されているかなども評価ポイントである。二次加工で対応したほうがよい場合もあるが、工業製品では重要なポイントなので実際に出力して検証したい。

> **要点 ノート**
> カタログのスペックには表れない性能や、カタログに掲載されない性能も使用上は重要なポイントとなる。サンプル出力でできるだけ情報収集しておきたい。

1 業務における3Dプリンター活用の実際

3Dプリンター活用の実際（1）：パーツの物理的なすり合わせを事前に検証

　近年、3Dプリンターは、驚くほど多様な使われ方をしているので、そのすべてを紹介することは難しいが、以下では主な用途を中心に確認していきたい。

❶製品のレイアウト検討

　電子デバイスのライフサイクルは非常に早く、設計から試作を経て製品化に至る開発の高速化はとりわけ重要となっている。電子デバイスでは、筐体の中に数多くの部品が必要最小限のスペースで詰め込まれており、精度のよい組付けが必須となっている。組付けされる部品は、購入部品も多く、3Dデータがなく、現物合わせとなることも少なくない。パーツの3Dデータがない場合、パーツやユニット（アセンブリ）は寸法を測定しながら必要な形状の3Dデータを作成し、筐体のデータと合わせこんでいくことになる。そのため最初の試作ではどうしても誤差が生じやすい。

　ただし、筐体も含めて一度3Dデータを作成してしまえばレイアウト検討と同時に、使い勝手を検証することができる（**図表4-6**）。併せて熱流体のシミュレーションをすることで放熱を考慮したベストなレイアウト検討ができ、これらの検討を短時間のうちに高速で回すことができる。同時に筐体の意匠デザインの検討も進めることが可能だ。

❷既存部品にとりつけるためのアタッチメントの検証

　既存の製品の一部に新たに開発した部品を取り付けるというケースもある。その際、既存製品には3Dデータはおろか、図面すら存在していないというケースも少なくない。例えば**図表4-7**は金属製のタンクの口にある目的を持ったカスタムキャップを取り付けるという例である。公式の寸法がないわけではないが実際には誤差もあるためノギスではかりもするため誤差がある。実際に組み付けてみるとはまらない、もしくは緩すぎるという場合がある。それを微妙にキャップの内径を変えたパターンで作成し、ベストなフィットを検証できる。

　もう一つの事例を紹介しよう。**図表4-8**は、コーキングガンの通常のレバーにカバーとしてカスタムレバーをつけた例だが、これも0.1mm単位でフィッティングを変えたパターンを同時に作成し、ベストなフィッティングを検証した。このように現物と合わせるような場合の作業も行いやすい。

図表 4-6 パーツのレイアウト検討の例

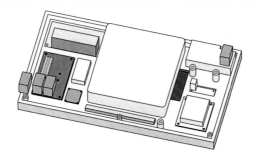

図表 4-7 カスタムキャップを取り付けた例

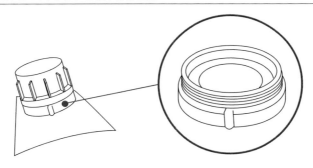

図表 4-8 カスタムレバーを取り付けた例

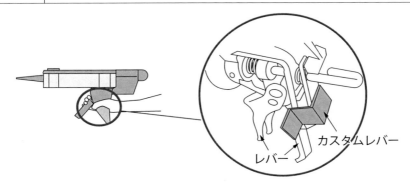

> **要点 ノート**
> 3Dプリンターによって、パーツのレイアウト検討や、アタッチメントの追加など、物理的なすり合わせが必要な検証を事前に実施できるようになった。

1 業務における3Dプリンター活用の実際

3Dプリンター活用の実際（2）：材料特性を活かしたパーツの機能検証

　3Dプリンターの材料の樹脂といえば、従来はアクリルかエポキシ、あるいはABSかPLAなどが標準的であったが、最近ではゴムライク、耐熱樹脂など多様なエンジニアリング樹脂が提供され始めている。本項および次項では、そうした樹脂の特徴を活かした例を紹介する。

❶フレキシブル樹脂

　フレキシブル樹脂は、ゴムなどのいわゆるエラストマほどの柔軟性はないが、ある程度の柔軟性を持っている。荷重をかけると大きく変形し、除荷すると元に戻る樹脂だがゴムのような大きな伸縮性は持たない。大きくたわませるような形状や、座屈させるようなパーツの造形にも有効だ。

　この樹脂を使った1つ目の事例は、ある製品の液体の流出口に使用するキャップの形状だ（**図表4-9**）。力でこのキャップは押されて、足の部分が曲がりが除荷すると元に戻る。フレキシブル樹脂は、このときの力と変形量のベストなものをいくつも検証するときに使用した。小さなパーツなので同時に異なる形状のキャップを複数個造形して実際に検証した。

　従来ならば、モデリング後、実際の製品を作成する前にできるのは非線形構造解析ソフトを使ってシミュレーションをすることくらいであった。しかも、それはかなりコストのかかる作業だ。この事例ではシミュレーションも行ったが、最も役立ったのは様々な形状バリエーションを3Dプリンターで出力したことである。これらを検討して最適な形状を決定した。

　もう一つの例は、デザイン性のある製品だ。椅子の脚の先端につける硬質ゴム製のキャップである（**図表4-10**）。脚の前後の形状は異なっており、それぞれにキャップを作成した。キャップははめやすく、その一方で椅子を持ち上げたときに簡単に外れない、しかし必要以上の変形をしないことが求められた。

　このケースでは同一デザインで、微妙に内側の寸法が異なるキャップを造形し、ベストなフィッティングを検討した。実物に対して嵌合が求められる形状の場合には、0.1mmオーダーでの調整が求められることが多いが、実際に造形し試してみることでベストなフィッティングを求めることができた。

| 図表 4-9 | フレキシブル樹脂を使ったキャップの検証 |

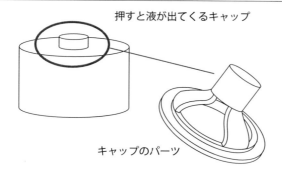

| 図表 4-10 | フレキシブル樹脂を使った椅子のカバーゴムキャップの検証 |

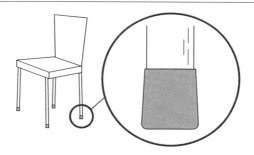

❷ゴムライク樹脂

　最近ニーズが高まっているのがゴムライク樹脂の活用である。医療分野では臓器のモデルを作成する場合に使用されている。もちろん、工業製品においてもゴム（エラストマ）が使用される部品は多い。

　例えば自動車に使用される等速ジョイントなどでも使用される。実際の製品はフッ素ゴムなどが使用され、耐久性はまったく異なるので完全に同一条件でのシミュレーションを行うことは難しい。しかしゴムショア値をあわせることでゴムの柔らかさを実際の樹脂に合わせていくことは可能なので、ゴム製のブーツのたわみ方、どの部分が接触するのかなどを実物で検証することができる。複数の形状のパターンや肉厚のパターンがあるのであれば、同時に複数個を出力して、短時間に様々なパターンを試すことが可能だ。

> **要点 ノート**
> フレキシブル樹脂やゴムライク樹脂の材料の特性を利用した試作で事前にパーツの機能検証が可能になる。

1　業務における3Dプリンター活用の実際

3Dプリンター活用の実際（3）：光硬化性樹脂の活用と見栄え向上のテクニック

　近年、光造形方式で使用する光硬化性樹脂は、活用量域の幅を広げている。新たな特性は元々の特徴である滑らかな表面特性や微細構造の再現性に加えて、造形物に様々な機能をもたらしている。

❶透明樹脂と耐熱樹脂の活用例

　光硬化性樹脂のバリエーションの一つに透明／半透明の材料がある。光造型のハイエンド機でこの樹脂を使った例として、透明な樹脂製の臓器の中に血管にあたる管を造形したモデルもある。透明材料は、50万円台の中価格帯のプリンターでもサポートされており、仕上げ方によっては造形物にある程度の透明性をもたらす。もっともラフな仕上げであってもスリガラスのような半透明性は出せるので、例えばチューブや容器の中を流れる水の様子を観察したいといった程度であれば十分に実現可能だ。

　図表4-11は、中を熱湯が流れる容器のモデルだ。一般的に3Dプリンターで使用される樹脂は耐熱性がないものが多い。例えばABSなどでは100℃近い熱湯を流すわけにはいかない。しかし最近では射出成形の金型のパーツを鉄やアルミではなく3Dプリンターによる樹脂製パーツに置き換える試みが実用化しているなど、強度と耐熱性を兼ね備えた樹脂が提供され始めている。このモデルの内側で使用された樹脂も耐熱用の樹脂である。また複数の部品の組み合わせで、外側の部品はネジでの固定だが、十分な精度でねじ込むことができた。試作用のパーツであったが、特に一品だけ実物に沿った形で作成したいというときに、形状だけでなく機能まで含めた検証が可能となった例である。

❷モックアップの作成例

　実際の製品のモックアップとして使われた例としては鉄道模型のジオラマがある。インクジェット方式の3Dプリンターにより、合計で100棟以上の建築物（ジオラマ）の3Dモデルを短時間で造形した。インクジェットによる造形物は仕上がりが滑らかであるため、後加工でほとんど研磨する必要がない。造形後にサーフェイスサーを吹いたあとに塗装をすることで、超短納期でモックアップを作成することができた。なおこのモックアップは、実際の商品を宣伝するためにテレビCMで使用されたほど完成度の高いものだった。

| 第4章 | 業務の中での活かし方 |

図表 4-11 耐熱樹脂による中を熱湯が流れる容器

図表 4-12 FDM方式で造形後仕上げ処理をした鉄道模型用ジオラマ

　それほどの完成度が必要とされないならば、FDM方式でも十分見栄えのするモデルを作成することは可能だ。例えば**図表4-12**の鉄道模型のジオラマモデルは、デスクトップ型の3Dプリンターで作成したモデルである。FDMによる造形物は、光造形やインクジェットのそれとは異なり積層痕の縞模様が目立つ。そのため表面を紙やすりで磨いたうえでサーフェイスサーを吹くなどの後処理が必要となる。またデスクトップ型のFDMの場合、造形後も熱ひずみの影響で変形が生じる場合がある。特に長尺物は注意する必要がある。変形が目立つものは、おもりをつけて再度変形させて形を戻す必要がある。

　こうした後処理により積層痕や変形に対応できれば安価なデスクトップ型の3Dプリンターでも見栄えのあるモックアップの作成が可能だ。

要点　ノート

透明樹脂や耐熱材料など新しい機能を付与する材料が増えている。インクジェット方式を使えば仕上げなしでクオリティの高いモックアップの造形が可能だが、FDM方式でも仕上げ処理次第でクオリティを高めることが可能だ。

1 3Dプリンターの特徴を活かした業務活用のポイント

効率的な造形のヒント（1）
積層ピッチ選択のポイント

　3Dプリンターに限らず、機械加工の重要なポイントは品質と造形時間のちょうどよいバランスをとることである。バランスのとれた出力設定がもっとも効率の良い出力ということになるが、3Dプリンターの場合、それにもっとも影響のあるパラメータが積層ピッチの設定だ。FDMか光造形かに限らず、積層ピッチは少なくとも3種類以上選択できるようになっていることが多い。例えばFDMなら0.1mm、0.2mm、0.3mm、光造形なら100μm、50μm、25μmなどとなっていることが多い。造形の目的に応じて適切なピッチを選ぶことが効率の良い出力につながる。

❶積層ピッチ選択のポイント

　以下の要件を考慮した結果が、すなわち具体的な積層ピッチの数値となるが、それぞれの要件と積層ピッチとの間に一意で決まる絶対的なルールがあるわけではない。

- ・造形の目的
- ・必要な造形品質
- ・造形物（完成品）のサイズ
- ・造形時間

　以下に示すのはあくまでも指針である。

最も粗い設定を使う場合

　本格的な試作ではなく、開発初期での形状確認などに用いる場合が想定される。サイズ感や大まかな形状など物理的な印象を感覚的に知りたいだけなのでとにかく早く出力したいことがある。こうしたときは粗い設定で十分だ。また大物部品（またはそれを分割したパーツ）は、そもそも粗い設定でなければ現実的な時間内で出力することが難しい（大物部品は出力品質が粗くても仕上げによって表面を滑らかにすることができる）。さらに光造形ならいちばん粗いピッチでも十分なことが多く、これがデフォルトになっていることも多い。

最も細かい設定を使う場合

　小さな部品の詳細形状を出力する場合には細かい設定を使用したい。繊細な形状では磨きなど後処理をできるだけ行いたくないことも多く、そのためにも

> **図表 4-13** バランスのよい光造形による出力例：薄板形状だが、積層幅も目立たず、エッジもきれいに出ている。

細かいピッチ設定をしたほうがよい。ただし積層ピッチの差だけを考えても粗い設定の3倍、4倍の時間がかかるので、その時間に見合うだけの価値があるかどうかはよく考えたほうがよい。特に光造形で微細な文字や彫り込みなどを入れる際など、最も細かい25μmピッチで出力したものの、比較のため出力した100μmピッチものと目視ではほとんど差がなかったという例もある。なお、滑らかさは後述するように必ずしも積層ピッチとは関係がない。

中間的な設定を使用する場合

　FDM方式のデスクトップ型3Dプリンターのほとんどは中間的なピッチ設定がデフォルトとなっていることが多い。数センチから20センチ弱くらいの造形物では比較的バランスがよい設定だ。一般的には、商用3Dプリンターに添付されているソフトでは造形途中にピッチを変えることができない。設定を間違えると一度破棄してやり直すしかないので、迷ったら中間的な設定をしておくことをお奨めする。

❷積層ピッチと面の滑らかさの関係

　造形物の表面の滑らかさを気にする人も多い。しかし積層ピッチを非常に細かくしたからといって表面が滑らかになるわけではない。特にFDMはそうだ。どのようなピッチでも積層痕ははっきり出る。光造形は逆にいちばん粗いピッチでも表面は滑らかだ。これは表面が造形中に微妙にダレることによる。ただしダレすぎると立つべきエッジも丸まってしまい形状再現性が悪くなってしまうデメリットもあるので注意が必要だ。バランスのよい出力であれば表面は滑らかかつエッジも立っている。

> **要点 ノート**
> ピッチサイズの設定は出力時間とのトレードオフ。大まかな形状確認や大物部品の出力は「粗」。微細構造の出力は「細」。迷ったら「デフォルト」を選択。

> **1** 3Dプリンターの特徴を活かした業務活用のポイント

効率的な造形のヒント（2）
精度の高い造形をするためのヒント

　造形物の精度を高める方法は、積層ピッチのコントロールだけではない。3Dプリンターの方式によっても異なるが、本項では、高精度出力のための3Dプリンター設定のコツをいくつか紹介する。

❶アセンブリに使用するパーツの造形について

　前項の積層ピッチのポイントは、パーツ単体の精度をコントロールするためのコツであった。しかし実際の工業製品は、そのほとんどが複数のパーツから構成されており、それらを様々に組み合わせて固定してできあがっている。ボスとボス穴などはその典型である。

　これを通常の機械加工で作るとき、図面できちんと加工指示がきちんとできていることが重要だ。加工者が組み合わさるよう加工してくれるからだ。しかし3Dプリンターではデータの寸法とおりに出力されてくる。したがって、Φ10の穴にΦ10のボスははまらない。実際にデータ上でもボスとボス穴の間に隙間を作っておかなければ組み立てできないのである。当然、この隙間は、組み合わせたときにきつめに嵌まって動かないようにする場合と、スムーズに回転させたい場合とで寸法が異なってくる。

　さらにこの隙間の寸法はプリンター方式によっても異なる。例えば光造形や粉末焼結では丸い断面であれば半径0.07〜0.08mm程度（参考数値）の隙間があれば、ぴっちりとしたはまり具合になることが多いが、FDMでは狭すぎることが多い。場合によっては0.2mm以上の隙間が必要になることも多い（**図表4-14**）。

❷ポリゴン数の制御

　機械部品の場合、直線的な線で構成されることが多い。このような部品ではポリゴン数を増やす意味はない。しかし自由曲面で構成される意匠面や、機械部品であっても、丸い棒やそれにハマる穴で特に回転する部品ではポリゴン数を増やして細かくしたい。ポリゴン数の大小が造形時間に与える影響はないが、スライサーでGコードを生成する時間には影響する。

❸材料の収縮率を考慮する

　FDMのように材料を熱溶解する方式で問題になるのが、材料が冷却して固

図表4-14　はめあい部の隙間のモデリング（ネジの例）

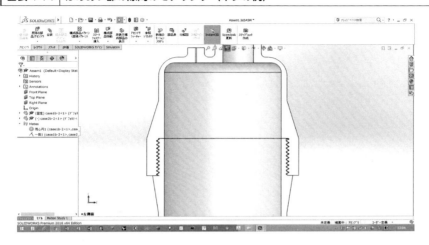

まる過程で収縮が起きることである。PLA樹脂の場合には、収縮率が0.1％以下なのでそれほど敏感にならなくてもよいが、ABSは状況次第で0.4％から0.9％程度と無視できない収縮をする。したがって、特に寸法精度を求める場合には、収縮を見込んである程度寸法を大き目にとってモデリングをする必要がある。

❹細長い形状の造形

　薄板・細棒の造形はさらにトリッキーなものとなる。丸い断面を持つ棒（穴）の造形は立てるか、寝かせるかで真円度が異なることはすでに述べたが、造形の方向性は別の問題ももたらす。例えば細棒や薄板を立てて造形した場合、ある程度の肉厚や半径がないと自立しない。かといって、寸法の大きい薄板をFDMで造形する場合、寝かせて造形すると今度は反ってしまうことも少なくない。また、材料が薄い場合や細い場合には、ヘッドが横から動いてきた衝撃で倒してしまうことがある。粉末焼結でもリコーター（ローラー）が造形物を倒してしまうことがある。こうした造形上の問題は、出力のノウハウの蓄積で向きやサポートの工夫を行うことで回避することが出来るが、一方で無駄な努力をしないためにもプリンターの限界を把握しておく必要がある。

> **要点　ノート**
> 後に組立する部品を造形する場合は組立代を考慮しておく。意匠面や丸みのある部位はポリゴン数を増やし細かい表現とする。FDMでは造形後の熱収縮を考慮する。薄板・細棒は造形時の変形しやすさを考慮して造形方針を決める。

> **1** 3Dプリンターの特徴を活かした業務活用のポイント

3Dプリンターの機体メンテナンス

　高価格帯となる業務用3Dプリンターでは、保守契約をしておけば故障時に販売会社への問い合わせやセンドバックなどのサービスが受けられる。また日常的な手入れについてはメーカーの指示にしたがって行う。一方、低価格帯のデスクトップ型プリンター、特にFDM方式の場合は、自力での対応が求められることが多い。本項ではFDMの典型的なトラブル対策について解説する。

❶FDMのノズル詰まり
　珍しくないトラブルであり、解消しないかぎり出力ができない。
　デスクトップ機では、サードパーティ製材料が使用できる機種も多い。しかし安価だからといって粗悪品を使うと異物が入っていたり、フィラメントの直径が不均一などの原因で詰まることがある。使い始めですぐに詰まる場合、フィラメント端部のカット方向が不適切な場合がある。フィラメントの巻方向に対して外側に尖るようカットするのが適切であり、逆方向にカットすると詰まることがあるので注意が必要だ（図表4-15）。
　詰まった場合には、プリンターの指示にしたがってノズルを加熱してからフィラメントを引き抜く。また直径が1.5mm～1.9mmの棒を軽く差し込むと詰まったフィラメントを除去できる。さらに直径0.3mm程度のピアノ線を通してパージできる。これらの作業の際にはホットエンドが220℃以上の高温になっているのでやけどに注意が必要だ。

❷自分でできるFDMのメンテナンス
　ノズル詰まり以外にもユーザーが自分でできるメンテナンスは様々ある。少し造形の品質が安定しなくなったなと感じたときには、試してみたい。
カリブレーション：比較的高価な機械の場合には、自動のカリブレーション機能がついている。カリブレーションは、プリンターの使い初め、セットアップ時に一度済ませているはずだが、長期間使用しているといつの間にかレベルが保てていない場合があるので、定期的にカリブレーションをし直したい。
プラットフォーム：プラットフォームの種類にもよるが、食いつきをよくするために細かい穴がたくさんあいたプラットフォームが搭載されているプリンターもあり汚れが付きやすい。また同じプラットフォームを何度も再利用して

| 図表 4-15 | フィラメント端部のカット方向 |

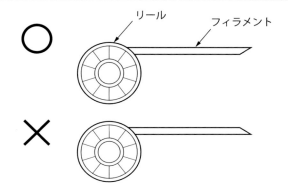

交換しない場合には、表面に残っている材料の残滓を番手の大きな（細かい）紙やすりで磨くとよい。とはいえ、本当はこれも消耗品と割り切って定期的に交換することが望ましい。

エクストルーダー：エクストルーダーのプーリーに材料の断片が付着すると、材料をスムーズに押し出せなくなる。エクストルーダーの汚れも定期的に確認したいポイントだ。

軸のメンテナンス：動作中にエクストルーダーがきちんと機能せず、ヘッドがレールを移動するときに異音を立てていることがある。この場合、軸がズレている可能性もある。これもメンテナンスのマニュアルに沿って調整したほうがよい。

❸光造形機のメンテナンス

　光造形機は、FDM機よりもセンシティブなしくみである。光学系の調整部分にトラブルが起きたときには、自分で修理しようとぜずに販売会社に相談したほうがよい。またFDMと違い材料が液体の樹脂のため、こぼしてしまったときは早急な対応が必要となる。こぼした樹脂を放置して固着させると除去作業が面倒になるからだ。また特に光が透過してくるガラスなどが影響を受けないように注意する必要がある。

> **要点ノート**
> FDM方式のデスクトップ3Dプリンターは自力でのメンテナンスが基本。光造形方式ではデスクトップ機であっても自力での故障対応は難しい。いずれも材料滓などをそのままにしないように日ごろから清浄に保つことが基本だ。

❮1❯ 3Dプリンターの特徴を活かした業務活用のポイント

他の加工方法との使い分け

　3Dプリンターによる加工は、他の加工法同様、数ある加工方法の一つに過ぎない。他の加工法が万能でないように3Dプリンターにも一長一短がある。コスト効率のよいものづくりを目指すのであれば、3Dプリンターに執着せずに目的に応じてその都度加工法を使い分けることが必要だ。

❶生産量

　3Dプリンターを使用するか否か、最初の切り分けは生産するパーツの数だ。数が多ければ基本的には金型を使うのが順当だ。しかも最近では「数」のハードルも下がってきている。かつては100個～1000個というとどんな加工法でも効率が悪い生産数であった。しかし最近ではアルミ型を使い、また自動化の進展で採算のとれるコストで製造してくれるサービスが登上している。

　基本的に、3Dプリンターや切削加工は、少量で色々な形状を作るほうが向いているので、あくまでも生産量に向いた加工方法を考えるべきである。それがコストと時間の節約にもつながる。

❷材料の選択肢

　材料物性が重要な要素になる場合は、切削加工や射出成形など他の加工法を適用したほうがよい。3Dプリンター用の樹脂材料は、最近ではかなり種類が増えてきてはいるとはいうものの、切削加工などと比較すれば依然として見劣りする。また最終製品で使用する「本物の」材料の機械的特性を模した材料も出てきているが、決して本物ではないため機能検証にも限界がある。「本物の」材料を使うときには、やはり切削加工なり射出成形を使う必要があるのである。

　もう一つは造形方法が持つ制限もある。粉末焼結方式による造形物は、切削加工によるそれに近い等方性を持つと言われている。しかし、一般的には3Dプリンターで出力する場合には積層による異方性が存在することが避けられない。これら材料特性、あるいは造形物としての特性はパーツの強度にも影響してくる。これらを考慮したうえで、さらに等方性の造形物を作る必要がある場合には、3Dプリンティング以外の加工法を考えたい。

❸造形物の精度と安定性

　精度と安定性を考えるうえで、3Dプリンターとひと括りにするより、どの

図表 4-16　造形方法を決めるときの要因

着眼項目	造形法を決定する要因
①生産量	・どのくらいの生産数か ・それぞれの造形法でコストはどのくらい掛かるか
②材料の選択肢	・最終製品の材料による検証は必要か ・造形物に異方性があってもよいか
③造形物の精度と安定性	・どのくらいの寸法精度が必要か ・表面の滑らかさは必要か ・経時変化による変形を許容できるか
④パーツの形状	・造形物は複雑かつ繊細か ・分割は必要か
⑤造形までのリードタイム	・造形物の納期はどのくらいか ・内製のための設備が手元にあるか

方式かを考えて比較するのがよい。一般に寸法精度や形状の経時的な安定性は切削加工のほうが光造形より優れている反面、表面の平滑さには差がない。粉末焼結の場合は、表面の平滑さは切削加工には劣るものの経時的な安定性や寸法の安定性は切削加工と同等となる。前述の生産数や材料バリエーションが問題にならなければ、どちらでやってもよいということになる。

❹パーツの形状

切削加工や射出成形には、製造ができない形状がある。刃物が届かなければ削れないし、金型が抜けなければ製造はできない。3Dプリンターの場合には、その制限が少ないのでより複雑な造形が可能だ。ただし、最終的に別の方法で製造するのであれば、いずれどこかでパーツ形状の変更や分割などを考える必要がでてくる。

❺造形までのリードタイム

どれだけ迅速に造形できるかが判断のポイントになることもある。開発初期段階で、とにかくすぐに形にして確認したいというときには3Dプリンターはうってつけである。ただし、それはあくまでもプリンターが手元にあり、かつ自分で操作できる環境の場合のみだ。出力サービスを使う場合には、切削加工を外注に出すとき並みの時間がかかることも珍しくない。逆に3Dデータさえあれば、切削加工でも翌日には出荷できるというサービスもあり、射出成形でも数日のうちに納品するというサービスすらある。

> **要点 ノート**
> QCDすべてについて、目的とする造形はどの加工法を用いるのが得策か先入観なしに検討する。

1　3Dプリンターの特徴を活かした業務活用のポイント

シミュレーションソフトとの連携

　3Dプリンターを活用することで、開発中の製品の問題点をより迅速に洗い出すことができる。しかしそうは言っても物理的に物を作らなければならないハードルがある。そこで3Dプリンターに使うデータがワンソースマルチユース可能な3Dデータである利点を活用したい。3Dデータを流用して他のデジタルツールを併用することでより効率化を図ることが可能だ。その一例がCAE（シミュレーションソフト）の活用だ。

❶強度設計への有効性

　3Dプリンターで造形する場合、切削加工などと比較すると、材料の選択肢の幅が狭いことは述べた。つまり必ずしも強度まで検証はできないが、少なくとも形状に関する確認はできる。

　例えば3Dデータを起点に「物理的な形状」「はめあいの確認」あるいは「他の実際に作ってみなければならないポイント」については3Dプリンターで確認していく一方、構造解析ソフトを使って「強度計算」などの工学的な検討を同時並行的に実施できれば検証作業全体が大幅に効率化できる。

　製品に対して様々なオプションが予定されている場合には、あらかじめ構造解析ソフトを使って検討しベストな構造を割り出しておく。そしてそのモデルを3Dプリンターで出力し実験することで、試作プロセスがより効率的かつコストパフォーマンス良く進んでいく（**図表4-17**）。最近では、3D CADに構造解析ソフトなどがバンドルされているケースも多く、モデリングをした環境そのままで解析を行い、そこからSTLファイルをエクスポートすることができる。

❷造形そのものの検討

　最近では、粉末焼結による金属積層造形が普及してきている。航空機をはじめ製造業の中では一部本格的に取り入れられていることはすでに述べた。しかし、光造形やFDMが出力の過程でゆがみを生じるように、金属積層造形もその過程で造形不良につながる大きな課題が存在する。

　金属積層造形で常に問題として上がるのが熱応力による変形だ。もちろん、大きな変形をしたままでは使い物にならないので、通常は熱処理を行って応力

図表 4-17　3Dプリンターと CAE を併用する

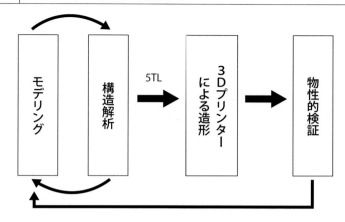

を緩和する。基本的には造形物を炉の中で再加熱し、徐々に冷却することで物体内部に発生している応力を緩和することができる。

とはいえ、そもそも造形過程でどのように変形するかを予測できれば、造形不良やそれによるリカバリーの手間を大幅に減らすことができる。実際、こうした予測をするシミュレーションソフトが登場している。ここれにより材料、強度VSスピード、サポート構造などの設定に関するパラメータを事前に検証し、さらに積層から熱処理、さらにはサポートの除去といったプロセスシミュレーションを行うことができる。その結果として、パーツがどの程度の収縮し、最終的にどの程度変形してしまうのか、熱による残留応力はどの程度になるのかという結果を予測できる。さらにそれらに基づいてプラットフォーム上でのベストな配置やオリエンテーション、最適なサポート構造を予測できる。

金属積層造形は、その導入コストをはじめ、プロセス全体でかかるコストが他のプリンター方式に比べても格段にかかる。そのため失敗したときのダメージも大きい。射出成形において樹脂流動解析が有効なように、今後3Dプリンターによる出力プロセスにおいても解析ソフトが適用されるようになるのではいかと考えられる。

> **要点　ノート**
>
> CAEソフトと3Dプリンターを連携し併用することで試作プロセスはさらに効率化する。特に金属積層3Dプリンターはかかるコストも大きいためCAEとの併用の効果が大きくなる。

1 3Dプリンターの特徴を活かした業務活用のポイント

3Dプリンターの特徴を活かした造形

　2012年頃に始まったブーム以降、3Dプリンターは製造業のみならず多方面で活用されるようになった。様々なユーザーを取り込むことで、3Dプリンターには当初の迅速な試作という活用から一歩進んで「3Dプリンターならではの造形」が期待されるようになってきている。

　3Dプリンター独自の造形とは、簡単に言えば、切削加工や射出成形では困難だった形状だ。もちろん工業製品はアート作品ではないのでエンジニアリング的にも理にかなった形状でなくてはならない。本書の最後で紹介するジェネレーティブデザインをはじめとしたトポロジー最適化は、そのためのソリューションの一つと言える。

❶トポロジー最適化とは

　製品に求められる強度を維持しながら、それでいて使用する材料は必要最小限であること。これは工業製品の設計において常に求められる要件だ。とはいえ、これを完全に最適化することは難しい。したがって、製品はどちらかといえばより安全サイドにつまり過剰な強度で設計される傾向にある。通常は設計したものを実験によって、または構造解析にかけるなどして変形や応力分布を調べ、その構造が安全かどうかを判断する。ではそのパーツの形状はそもそもどのように決められたのかと言えば、それは設計者の経験則によるものだと言う以外にない。

　トポロジー最適化では、ある設計領域に対して一定の条件と境界条件を与えてソフト自体に最適な形状を求めさせる。結果として力が流れるところには部材が残り、ほとんど応力が発生しない場所からは材料が削除される。最終的にはメッシュ状の形状が残ることが多い。

　求められた形状は、既存製品でよく見かける形状である場合もあるし、逆に今まであまり見たことがない形状である場合もある。後者では、これまでに人間の思い込みでは思いつかなかったような新しい構造である場合もある。ソフトによって創出された形状は、力学的に理想的な形状であった場合でも、従来の加工方法では造形が不可能、または可能であっても非常にコストがかかることも多かった。それが造形上の制限の少ない3Dプリンターの活用を前提とし

| 図表 4-18 | トポロジー最適化とジェネレーティブデザイン |

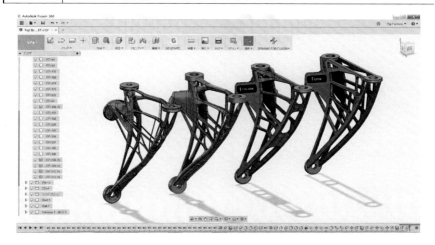

たとき、製品として実現する可能性が一気に広がってくる。

❷ジェネレーティブデザイン

　CADベンダーの米オートデスク社などでは、ジェネレーティブデザインの可能性が模索されている。ジェネレーティブデザインは、根本的な考え方はトポロジー最適化と同様である。異なるのは計算に使用するリソースの規模だ。

　近年、急速に発達してきたクラウドの計算能力をフルに使い、従来は一度に一つのケースしか解析できなかったものが、様々な可能性を同時に計算できるようになっている。その中から優先度の高いパラメータに沿って選びだした形状を3Dプリンターで造形することが可能になる。

　このような試みはすでにいくつかの事例を生み出してきている。今後は、より工学的にも理にかなった形状で、人間が考えきれなかったものをソフトが創造し、それを人間が検証したうえで、さらに進化する3Dプリンターが造形するという相互補完的な流れが加速することが考えられる。

要点ノート

トポロジー最適化やジェネレーティブデザインといったソフトによれば、常識や先入観に左右されない形状を生み出すことができる。造形上の制限の少ない3Dプリンターはこれらの形状を作るときに大いに役立つ。

【索引】

数・英

3D CG	32
3Dスキャン	52
3Dデータ	7、16、42
ABS	21
Autodesk Inventor	70
CAE	142
FDM方式	13、20、34、94
Gコード	16
IPA	88
OBJ	73
PLY	73
RP	6
SLS	24
SOLIDWORKS	70
STL	28、48、53、68
STL修正ソフト	80
UV展開	73
UVマッピング	26
VRML	73

あ

アスキー形式	68
アセンブリ	62
アタッチメントの検証	128
アディティブ・マニュファクチャリング	5、16
アルコール洗浄	19
インクジェット方式	22、35
インポート	82
永久変形	4
エクストルーダー	20、139
エクスポート	70
エラー	74
温度管理	99

か

化学研磨	113
加工可能な形状	64
カラー出力	72
キャリブレーション	138
干渉チェック	66
機能検証	119
機能試作	2、8
強度	99
強度設計	142
クリアランス	107
グリップ感	8
形状再現度	127
研磨処理	112、114
工具類	88
コミュニケーション	11、120
ゴムライク樹脂	131

さ

サーフェイサー	10、132
サーフェイス	44、46
サポート材	17
サポートの除去	92
仕上げ作業	113
シーム	97
ジェネレーティブデザイン	145
試作	118
下地処理	114
下地塗装	114
シミュレーション	142
収縮率	136
樹脂	30
出力サービス	76、110、122
スクレーパー	101
スケッチ	50
スライスデータ	33

寸法	66
積層	5
積層造形	16
積層ピッチ	127、134
石膏	26
切削加工	4
セットアップ	82
セメント	31
セラミックス	31
造形サイズ	126
造形時間	127
造形方式	126
ソリッド	44、46

た

対応する材料	126
耐光性	23
耐熱樹脂	132
中空形状	56
デザイン試作	2、8
透明樹脂	132
トポロジー最適化	144

な

肉厚	54
二次硬化	19、90、92
熱溶解積層法	20
のりしろ	107

は

パーツの分割	60、109
パーツのレイアウト	104
パーツレイアウト検証	119
バイナリー形式	68
バインダジェット	26
光硬化性樹脂	22
光造形方式	18、34、86
表面の仕上げ	93
フィーチャー	50
フィット感	8
フィラメント	24
付加製造	5
プラスチック	30

プラットフォーム	18、138
フルカラー	26
フレキシブル樹脂	130
分割作業	61
粉末樹脂	54
粉末焼結法	24
ポイントサイズ	85
ボーデン型	20
保温	107
ボクセル	45
細長い形状	137
ポリゴン	45、51、68、136

ま

マーケティング	120
密度	84
メンテナンス	138
モールド	7
木材	31
モックアップ	10、132
モデリング	54

や

ゆがみ	107

ら

ラッピング	75
ラティス構造	15
ラピッドプロトタイピング	6
ラフト	102
ランニングコスト	125
リードタイム	141
リコータ	24
量産試作	8
レイアウト検討	128
レーザー	18

わ

ワイヤフレーム	44

著者略歴

水野　操 (みずの　みさお)

1967年東京生まれ。1992年 Embry-Riddle Aeronautical University（米国フロリダ州）航空工学修士課程修了。外資系 CAE ベンダーにて非線形解析業務に携わった後、PLM ベンダーや外資系コンサルティングファームにて、複数の大手メーカーに対する 3D CAD、PLM の導入、開発プロセス改革のコンサルティングに携わる。さらに、外資系企業の日本法人立ち上げや新規事業企画、営業推進などに携わった後、2004 年にニコラデザイン・アンド・テクノロジーを起業し、代表取締役に就任、オリジナルブランド製品の展開や、コンサルティング事業を推進。2016 年に、3D CAD や CAE、3D プリンター導入支援などを中心にした製造業向けのサービス事業を主目的として mfabrica 合同会社を設立。さらに、2017 年 5 月に高度な非線形解析業務を展開する株式会社解析屋の設立に参画。CTO として積極的に解析業務を推進。さらに 2018 年 6 月からは、法政大学アーバンエアモビリティ研究所の特任研究員も務めている。主な著書に、『絵ときでわかる 3 次元 CAD の本　選び方・使い方・メリットの出し方』『3D CAD ＋ CAE で設計力を養え』『思いどおりの樹脂部品設計』『例題でわかる！Fusion360 でできる設計者 CAE』（以上、日刊工業新聞社）、『3D プリンター革命』（ジャムハウス）、『2025 年のブロックチェーン革命、仕事、生活、働き方が変わる』（青春出版社）など。

http://www.mfabrica.com/
http://www.nikoladesign.co.jp/

NDC 532

わかる！使える！3Dプリンター入門
〈基礎知識〉〈段取り〉〈業務活用〉

2018年12月10日　初版1刷発行
2024年11月22日　初版7刷発行

定価はカバーに表示してあります。

ⓒ著者	水野　操	
発行者	井水　治博	
発行所	日刊工業新聞社	〒103-8548 東京都中央区日本橋小網町14番1号
	書籍編集部	電話 03-5644-7490
	販売・管理部	電話 03-5644-7403　FAX 03-5644-7400
	URL	https://pub.nikkan.co.jp/
	e-mail	info_shuppan@nikkan.tech
	振替口座	00190-2-186076

印刷・製本　　新日本印刷（POD6）

2018 Printed in Japan　　落丁・乱丁本はお取り替えいたします。
ISBN　978-4-526-07895-8　　C3053
本書の無断複写は、著作権法上の例外を除き、禁じられています。